普通高等教育"十一五"国家级规划教材配套教材

生物化学与分子生物学实验教程

第 3 版

主　编　徐　岚　钱　晖

主　审　吴士良

副主编　王卉放　唐彦萍　冯　磊

编　者　（按姓氏笔画排序）

马　洁	江苏大学医学技术学院	周迎会	苏州大学医学部
王卉放	江苏大学医学技术学院	赵　燕	江苏大学医学技术学院
王明华	苏州大学医学部	姜　智	苏州大学医学部
王艳萍	苏州大学医学部	顾范博	苏州大学医学部
石小蕊	苏州大学医学部	钱　晖	江苏大学医学技术学院
仇　灏	苏州大学医学部	徐　岚	苏州大学医学部
冯　磊	江南大学医学院	高上上	苏州大学医学部
朱瑐燕	苏州大学医学部	郭　琳	苏州大学医学部
乔　正	江苏大学医学技术学院	唐彦萍	遵义医学院
邬敏辰	江南大学医学院	汪家敏	苏州大学医学部
孙自玲	苏州大学医学部	涂应琴	遵义医学院
吴　艳	苏州大学医学部	彭　淼	苏州大学医学部
张弛宇	江苏大学医学技术学院	蒋菊香	苏州大学医学部
张海方	江苏大学医学技术学院	程建青	江南大学医学院

科　学　出　版　社

北　京

内 容 简 介

本实验教程内容包括总论和各论,总论介绍生物化学的基本操作技术,当前生物化学与分子生物学研究常用的电泳、层析、离心技术、印迹技术和聚合酶链式反应等实验技术的原理、种类、应用和前沿;各论共有 26 个实验,其中蛋白质与核酸、酶学、糖、脂和生物氧化部分的实验是比较成熟的生物化学基本实验;核酸部分的实验主要是分子生物学常用技术的实验,是近几年在研究生实验课中开设并有部分实验选用到本科生实验教学中的;最后部分有 6 个综合性实验,在基本技能训练的基础上,对学生进行实验设计和科研入门训练。

本书语言简练,实用性强。不仅适合医学院校 5 年制、7 年制及 8 年制学生使用,也适合相关人员参考。

图书在版编目(CIP)数据

生物化学与分子生物学实验教程 / 徐岚,钱晖主编. —3 版. —北京:科学出版社,2014.6

普通高等教育"十一五"国家级规划教材配套教材
ISBN 978-7-03-040390-2

Ⅰ.①生… Ⅱ.①徐… ②钱… Ⅲ.①生物化学-实验-高等学校-教材
②分子生物学-实验-高等学校-教材 Ⅳ.①Q5-33 ②Q7-33

中国版本图书馆 CIP 数据核字(2014)第 070596 号

责任编辑:杨鹏远 胡治国 / 责任校对:韩 杨
责任印制:霍 兵 / 封面设计:范璧合

科 学 出 版 社 出版
北京东黄城根北街 16 号
邮政编码:100717
http://www.sciencep.com
天津文林印务有限公司 印刷
科学出版社发行 各地新华书店经销
*
2004 年 8 月第 一 版 开本:787×1092 1/16
2014 年 6 月第 三 版 印张:11
2024 年 1 月第二十四次印刷 字数:259 000
定价:45.00 元
(如有印装质量问题,我社负责调换)

第3版前言

自 2004 年 8 月第一版出版以来，随着生物化学与分子生物学的迅速发展，新进展层出不穷，例如蛋白组系、RNA 组系、糖组系等新技术已广泛应用于医学领域，而它们的基础技术，仍离不开核酸、蛋白质以及脂类的研究方法。因此，为了跟上时代发展的步伐，极有必要对本教材进行修订再版。

《生物化学与分子生物学实验教程》作为高等医药院校主干和必修课程生物化学与分子生物学的实验教材，在各兄弟院校的支持下已走过了十个多年头，为了满足学科发展的需要，也结合我们参加两次教学评估（2002 年，2007年）的经验，遵科学出版社的意见，我们对教材进行了适当修订，主要是减少了各论实验和增补了综合性实验，特别对综合创新性实验部分作了修订增加，但考虑到各兄弟院校沿用习惯，对总体框架和主要内容均未作大变动。

本教材修订再版中得到科学出版社鼓励支持，参编单位苏州大学医学部生物化学与分子生物学系、江南大学生物化学教研室及江苏大学医学技术学院生物化学教研室编写教师的认真参与，在此一并致谢。希望各位同仁应用后多提宝贵意见，以待再版时改正。

编　者

2014 年 5 月

第 1 版前言

2003 年 8 月,由科学出版社出版了高等医药院校使用的《生物化学与分子生物学》教材,为使教材配套,我们现又编写出版《生物化学与分子生物学实验教程》。

生物化学与分子生物学实验技术是依靠物理、化学、生物学的原理和方法建立和发展起来的一整套亚细胞水平和分子水平的实验研究技术,它是生命科学中最富生机、最具活力、最含创造性的部分。我们在教学实践过程中体会到实验课的目的主要有:①使学生获得对于生物化学与分子生物学理论基本内容的深刻理解;②使学生熟悉生物化学与分子生物学的实验原理和得到操作技术的基本训练;③培养学生独立工作的能力;④培养学生的科学作风和科学思维方法。

本教材的第一篇是总论,在这一篇中除了介绍生物化学的基本操作技术外,还系统介绍了当前生物化学与分子生物学研究常用的电泳、层析、离心分离、印迹技术和聚合酶链式反应等实验技术的原理、种类、应用和前沿。第二篇各论共有 40 个实验,其中蛋白质与核酸、酶学、糖、脂和生物氧化部分的实验是过去常做的、比较成熟的生物化学基本实验,通过这些实验训练学生的生化基本实验操作;核酸部分的实验主要是分子生物学常用技术的实验,这些实验是近几年在研究生实验课中开设并有部分实验选用到本科生实验教学中的;最后部分有 8 个综合性实验,在基本技能训练的基础上,对学生进行实验设计和科研入门训练。

在使用本实验教程时,各院校可根据不同的专业要求、不同的教学层次和不同的实验室条件,在实验课教学中选择开设实验的内容。

本教材编写过程中得到苏州大学医学院、江苏大学医学技术学院和南通医学院领导的大力支持和具体指导,江苏省生物化学与分子生物学学会对本书的编写给予了热情关怀,在此致以诚挚的谢意。

编　者

2004 年 5 月

目　　录

第1篇　总　　论

第2篇　各　　论

第1篇 总 论

实 验 须 知

生物化学与分子生物学实验课是教学的重要环节。通过实验教学,观察某些生化与分子生物学反应现象,联系并加深对理论内容的理解,验证和巩固理论知识;掌握生化与分子生物学实验的基本操作、实验原理和一般仪器的使用;培养科学实验技能和严谨的科学态度,准确记录,科学分析并作出实事求是的实验报告,逐步提高观察问题、分析问题和解决问题的能力,为今后学习生物医学专业后续课程打好必要的基础。

[实验要求]

(1) 实验前必须预习,明确实验目的,了解基本原理、主要操作、注意事项及预期结果。

(2) 实验中操作应严肃认真,注意观察,如实记录实验过程中出现的现象、数据与结果。

(3) 实验后及时整理总结,根据实验结果进行科学分析,按时书写并提交实验报告。

[试剂使用]

(1) 仔细辨认试剂标签,看清名称及浓度,切勿用错。

(2) 使用滴管时,滴管尖端朝下,不可倒置,以免试剂流入橡皮帽。

(3) 用吸量管取液体时,应该用吸耳球吸,不能用嘴吸。

(4) 取出试剂后,立即盖好瓶塞并将试剂瓶放回原处,瓶塞不要盖错。

(5) 吸标准溶液时,应先将标准液倒入干净试管中,再用吸量管吸,以防污染瓶中标准溶液。

[实验报告]

包括实验名称、日期、目的、要求、原理、操作、结果、分析、讨论等。

(1) 目的要求、原理及操作,应简单扼要的叙述,但必须写清楚操作的关键环节。

(2) 一般实验要有结论,扼要简单的说明本次实验获得的结果。

(3) 实验数据结果,应归纳整理成各种图表(如标准曲线图、对照与实验组的比较表等)。

(4) 分析讨论是对实验方法、结果、异常现象的探讨和评论及对实验设计的认识、体会、建议,不是对结果的重述。

(5) 书写报告时应实事求是,字迹清楚、工整,杜绝抄袭。

[实验室清洁]

(1) 保持实验室的安静与整洁,不随地吐痰及乱丢纸屑;注意卫生,不在实验室里吃食物。

(2) 所有固体废弃物(棉花、纱布、滤纸等),须丢入垃圾筒中,不可弃于桌上及水池里。

(3) 浓酸应倒入专用小钵中,用水稀释冲淡后再流水冲洗。

(4) 有毒及有害物不能扔在簸箕里,应专门收集并无害化处理。

(5) 实验完毕,所有公用物品摆放整齐,各自清理自己的实验桌面,清洗所用器材。

(6) 实验室由值日小组(依次以实验桌为单位)轮流负责打扫,关好水电及门窗。

[安全注意事项]

(1) 易燃易爆试剂应远离火源,低沸点有机溶剂如需加热定要用水浴。

(2) 发烟或产生有毒气体的实验应在通风橱内进行。

(3) 实验室若起火应根据起火性质分别采用沙子、水、四氯化碳灭火器等扑救。

(4) 如遇酸碱灼伤皮肤应先及时用水冲洗,酸灼者再用饱和 $NaHCO_3$ 液中和;碱灼者再用饱和 H_3BO_3 液中和;氧化剂伤害者用 $Na_2S_2O_3$ 处理。

(王卉放　钱　晖)

第1章 基本操作技术

第1节 玻璃器皿的清洗

生物化学与分子生物学实验常用各种玻璃器皿,其清洁程度直接影响测量样品的可靠性和反应的准确性。因此玻璃器皿的清洁不仅是实验前后的常规工作,而且是一项重要的基本技术。玻璃器皿的清洗方法很多,需要根据实验的要求以及污物性质,选用不同的方法。洗涤的玻璃器皿要求清洁透明,玻璃表面不含可溶解的物质,水沿器壁自然下流时不挂水珠。

一、新购器皿的清洗

新购器皿表面附着油污和灰尘,特别是附着可游离的金属离子。因此,新购器皿需要用肥皂水刷洗,流水冲净后,浸于 0.93 mol/L Na_2CO_3 溶液中煮沸。用流水冲净后,再浸泡于 0.3~0.6 mol/L HCl 溶液中过夜。流水洗净酸液,用蒸馏水少量多次荡洗后,干燥备用。

二、用过玻璃器皿的清洗

1. 一般非计量玻璃器皿或粗容量器皿(如试管、烧杯、量筒等) 先用肥皂水刷洗,再用自来水冲洗干净,最后用蒸馏水荡洗 2~3 次后,倒置于清洁处晾干。

2. 容量分析器皿(如吸量管、滴定管、容量瓶等) 先用自来水冲洗,晾干后浸于铬酸洗液中浸泡数小时,然后用自来水和蒸馏水冲洗干净并干燥备用。

3. 比色杯 用毕立即用自来水反复冲洗,如有污物黏附于杯壁,宜用盐酸或适当溶剂清洗。然后用自来水、蒸馏水冲洗干净。切忌用刷子、粗糙的布或滤纸等擦拭。洗净后,倒置晾干备用。

三、清洗液的种类及配制

1. 肥皂水和洗衣粉溶液 这是最常用的洗涤剂,主要是利用其乳化作用除去污垢,一般玻璃器皿均可用其刷洗。

2. 铬酸洗液 广泛用于玻璃器皿的洗涤,其清洁效力来自于它的强氧化性和强酸性。由重铬酸钾($K_2Cr_2O_7$)和浓硫酸配制而成,硫酸越浓,铬酸越多,其清洁效力越强。洗液具有强腐蚀性,使用时必须注意安全。当洗液由棕红色变为绿色时则不宜再用。

主要有下列 3 种配制方法:

(1) 常用铬酸洗液的浓度为 3%~5%。方法是:重铬酸钾 5g 置 250ml 烧杯中,加入热水 5ml 搅拌。为使其尽量溶解,在烧杯下放一石棉网,向烧杯中缓慢加入工业用浓硫酸 100ml,随加随搅拌。硫酸不宜加入过快,注意不要溅出来。此时溶液由红黄色变为黑褐色。冷却后装瓶备用并盖严以防吸水。

(2) 取 100ml 工业用浓硫酸置烧杯中,小心加热,然后慢慢加入 5g 重铬酸钾粉,边加边搅拌,待全部溶解后冷却,贮于具塞的细口瓶中。

（3）取 80g 重铬酸钾溶于 1000 ml 水中,慢慢加入工业用硫酸,边加边搅拌,冷却后备用。

3. 乙二胺四乙酸二钠（EDTA-Na₂）洗液 浓度为 5%~10% 的 EDTA-Na₂ 洗液加热煮沸,可去除玻璃器皿内部钙镁盐类的白色沉淀和不易溶解的重金属盐类。

4. 草酸洗液 草酸 5~10g,溶于 100ml 水中,加入少量硫酸或浓盐酸,可洗脱高锰酸钾的痕迹。

5. 尿素洗液 45% 的尿素溶液是清洗血污和蛋白质的良好溶剂。

6. 盐酸-乙醇洗液 3% 的盐酸-乙醇洗液可以除去玻璃器皿上附着的染料。

7. 乙酸-硝酸混合液 用于清洗一般方法难以洗净的有机物,最适于清洗滴定管。

8. 50g/L Na₃PO₄·12H₂O 水溶液 碱性液体可用于洗涤油污,所洗器皿不可用于磷的测定。

第 2 节　吸量管的种类和使用

吸量管是生化实验最常用的仪器之一,微量移液器则是分子生物学实验必用之器材,测定的准确度与吸量管及微量移液器的正确选择和使用密切相关。

一、吸量管的种类

常用的吸量管可以分为 3 种:

1. 移液管 常量取 50.0ml、25.0ml、10.0ml、5.0ml、2.0ml、1.0ml 的液体。这种吸量管只有 1 个刻度,放液时,量取的液体自然流出后,管尖需在盛器内壁停留 15s。注意管尖残留液体不要吹出。

2. 奥氏吸管 供准确量取 0.5ml、1.0ml、2.0ml、3.0ml 液体用。此吸量管只有 1 个刻度,当放出所量取的液体时,管尖余留的液体必须吹入盛器内。

3. 刻度吸管 供量取 10ml 以下任意体积的液体。一般刻度包括尖端部分。将所量液体全部放出后,还需要吹出残留于管尖的溶液。此类吸管为"吹出式",吸管上端标有"吹"或"快"字。未标"吹"或"快"字的吸管,则不必吹出管尖的残留液体。

二、吸量管的使用

1. 选用原则 量取整数量体积液体并且取量要求准确时,应选用奥氏吸管;量取大体积液体时,要用移液管;量取任意体积（10ml 以下）的液体时,应选用取液量最接近的刻度吸管。如取 0.15ml 液体,应选用 0.2ml 的刻度吸管。同一定量实验中,要加同种试剂于不同试管中且取量不同时,应选择与最大取液量接近的 1 支刻度吸管。如各试管应加液体量为 0.3ml、0.5ml、0.7ml、0.9ml 时应选用 1 支 1.0ml 的刻度吸管。

2. 使用 中指和拇指拿住吸管上端,食指置吸管上端旁;用橡皮球吸液体至刻度上,眼睛看着液面上升;吸完后用食指顶住吸管顶端,用滤纸擦干其外壁;吸管保持垂直,尖端与试剂瓶接触,用食指控制液体下降至所需体积的刻度处,液体凹面、刻度和视线应在同一水平面上;吸管移入准备接受溶液的盛器中,其出口尖端接触器壁并成一角度,吸管仍保持垂直;放开食指,使液体自动流出。

三、自动移液器的使用

1. 操作 将吸嘴牢固地装在吸引杆上,装上后轻轻地旋转一下以保证气密;撳按钮到第一停止点(A),把吸嘴头尖浸入取样液内 2~5mm,释放按钮,使之慢慢返回到初始位置,停留 1s;把吸嘴沿取样容器壁滑动从取样液内取出,用滤纸擦去吸嘴外面的液体,注意不要接触到吸嘴头尖孔;把移液器的吸嘴头尖置于加样容器壁上,用拇指慢慢地将按钮撳到第一停止点,停留 1s(黏性较高的溶液停留时间长些);然后撳到第二停止点(B),再让吸嘴沿着容器壁向上滑动,当吸嘴头尖与容器壁或溶液不接触时释放按钮,使其返回到初始位置(0),如图 1-1 和图 1-2。

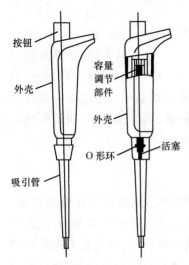

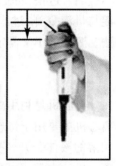

按钮
外壳
容量调节部件
外壳
O 形环
吸引管
活塞

图 1-1 自动移液器的构造　　　　图 1-2 自动移液器的使用

2. 注意事项

(1) 当移液器吸取溶液时(尤其是血清、蛋白质和有机溶液),在吸嘴的内壁将会有一薄膜形成,如果吸嘴仅填充 1 次会导致比规定值大的误差。因为此薄膜在同一吸嘴连续取溶液时能保持相对的常量,则在以后重复填充该吸嘴时能获得较高的精度。所以取样之前通过该溶液预先润洗吸嘴对获得较好的精度是很重要的。

(2) 提高移液精度的要点是吸液和排液的速度尽可能一致,切忌"啪"地一下释放按钮;取样时每次浸入相同的液体深度(不得超过 5mm)并保持移液器垂直向下;吸取过冷、较热的样品时,应使吸嘴温度与样品温度接近,以免样品热胀冷缩。

(3) 注意不要接触会损害吸嘴的硝酸或硫酸溶液。

(4) 移液器不能高压消毒,吸嘴可以。

第3节　溶液的混匀、过滤及离心

一、溶液的混匀

生物化学及分子生物学实验中,为使化学反应充分进行,加入试剂后的充分混匀是保证实验成功的又一关键。一般有以下几种混匀方式:

1. 腕混匀 右手持试管上端,利用手腕的旋转,使试管作圆周运动,使液体混匀。

2. 指弹混匀　左手持试管上部,试管与地面垂直。右手手指呈切线方向快拨试管下部,使管内液体呈涡状转动。

3. 吹吸混匀　用吸管、滴管或移液器将溶液反复吹吸数次,使溶液混匀。

4. 搅动混匀　用细玻棒搅动大试管或烧杯内容物(如固体试剂)使之混匀。

5. 甩动混匀　试管内液体较少时可采用。

6. 磁搅拌混匀　一般用于烧杯内容物的混匀。

7. 旋涡器混匀　所有混匀操作都应防止管内液体溅出,以免造成液体流失。严禁用手指堵住试管口混匀液体,防止污染和样品的损失。

二、过　　滤

过滤用于收集滤液、沉淀或洗涤沉淀。在生化实验中如用于收集滤液,应选用干滤纸,不应将滤纸先弄湿,湿滤纸将影响滤液的稀释比例。滤纸过滤一般采用平折法(即对折后再对折),且使滤纸上缘与漏斗壁完全吻合不留缝隙。向漏斗内加液时,要用玻棒引流而且不应倒入过快,勿使液面超过滤纸上缘。较粗的过滤可用纱布或脱脂棉代替滤纸。要将沉淀与母液分开,过滤和离心都可以。当沉淀黏稠或颗粒小得可以通过滤纸时,应选用离心法。溶液量小又需定量测定时,离心分离更有优越性。

三、离　　心

离心机是利用离心力,分离液体与固体颗粒或液体与液体的混合物中各组分的机械。离心机主要用于将悬浮液中的固体颗粒与液体分开,或将乳浊液中两种密度不同,又互不相溶的液体分开,它也可用于排除湿固体中的液体。离心机种类很多,按离心力来分可将离心机分为常速离心机($600 \sim 1200 r/min$)、高速离心机($3500 \sim 50\ 000 r/min$)、超高速离心机($>50\ 000 r/min$)。现简要叙述生物化学实验教学中常用的最大转速为 $4000 r/min$ 普通台式离心机的使用方法(特殊用途的离心机请参阅相关的说明书)。

1. 装液　将待离心的液体置于适用于相应离心机的离心管中(玻璃或塑料离心管)。

2. 平衡　两只装有待离心液体的离心管分别放入两个完整的并且配备了橡皮软垫的离心套管之中,置天平两侧配平,用滴管在较轻一侧离心管和套管之间加水,直到平衡。

3. 放置　检查离心机,机内应无异物和无用的套管,并且运转平稳。将已配平的两管对称地放入离心机的离心孔内,做好标记,盖好上盖,开启电源。

4. 离心　顺时针慢慢旋动转速调节钮,增加离心机转速。当离心机转速达到要求时,记录离心时间。

5. 停止　到达离心时间后,逐渐减速并切断电源。当离心机停止转动后,取出离心管和离心套管,倒去离心套管内的平衡用水,倒置于干燥处晾干。

第4节　实验样品的制备

许多定量的实验采用血液为样品,其次为尿液,其他可作为生化检测的样品有脑脊液、组织液、羊水等,有时用生物组织或细胞进行化学分析。

为了获得实验的可靠结果,应注意实验样品采集、处理和制备中多方面的影响因素,样品收集前应考虑的因素主要有饮食、药物和采集时间等等。有些化学组成容易受到饮食成分的干扰,有时还可受到近期食谱和药物的影响,对于在不同时间其含量可能有较大变化的物质(如铁及皮质醇),应规定恰当的时间采集样品。取血样时,应避免溶血,当肢体正在进行静脉输液时,不宜由同一静脉采集。收集的样品要及时送实验室,防止某些化学成分发生变化,有时需加特殊的保存剂或放置冰箱内保存。

一、血液样品

1. 全血 取清洁干燥的试管或其他容器,收集人或动物的新鲜血液,立即与适量的抗凝剂充分混合,所得到的抗凝血为全血。每毫升血液中加入抗凝剂的种类可以根据实验的需要选择,但是用量不宜过大,否则会影响实验的结果。抗凝剂宜先配成水溶液,按取血量的需要加入试管或适当容器内,横放,再烘干水分(肝素不宜超过 30℃),使抗凝剂在容器内形成薄层,利于血液与抗凝剂的均匀接触。常用剂量为草酸钾或草酸钠 1～2mg;柠檬酸钠 5mg;氟化钠 5～10mg;肝素 0.1～0.2mg。得到的全血如果不立即使用,应贮于 4℃冰箱内。

2. 血浆 抗凝之全血在离心机中离心,使血细胞下沉得到的上清液即为血浆。质量上乘的血浆应为淡黄色。为避免溶血,必须采用干燥清洁的采血器具和容器,并尽可能少振摇。

3. 血清 收集不加抗凝剂的血液,室温下自然凝固,所析出的草黄色液体即为血清。制备血清时,血凝块收缩析出血清约需 3h。为使血清尽快析出,可用离心的方法缩短分离时间且可得到较多的血清。制备血清同样要防止溶血,所用的器具应当干燥清洁。血清析出后宜轻轻分开血凝块与容器壁的粘连,及时吸出析出的血清。

4. 无蛋白血滤液 血液中含有丰富的蛋白质,它的存在会干扰测定的结果,所以通常需将其除去,制成无蛋白血滤液,再进行分析。常用的蛋白沉淀剂有钨酸、三氯乙酸、氢氧化锌等。血液加入蛋白沉淀剂后,离心或过滤所得的上清液或滤液,就是无蛋白血滤液。以钨酸为蛋白沉淀剂的无蛋白血滤液,常用于血糖、肌酐、非蛋白氮等成分的测定;用三氯乙酸沉淀蛋白质,所得的血滤液呈酸性,利于钙磷的溶解,在测定血清离子含量时多采用。

二、尿液样品

尿液中含有多种代谢产物,但昼夜之中尿液里的化学物质含量往往随着进食、饮水、运动及其他情况而变动。一般定性实验,收集 1 次尿液即可;若作定量测定,则需收集 24h 尿液(收集的方法是:排掉体内残余尿液并记录时间,收集至次日同一时间的全部尿液,盛入有盖的清洁容器中,量出尿液总量,并作记录,测定时可混合后取出适量)。为防止尿液变质,可适当加入防腐剂。若测定含氮物质,每升尿液加 5ml 甲苯;测定激素时,每升尿液加入 5ml 浓盐酸。如果作某种试验性测定(如维生素排出测定),宜在服药后数小时采集尿液。

收集动物的尿液时,可将动物养到代谢笼中,排出的尿液可经笼下漏斗收集。

三、组织样品

在生化实验中,经常利用离体组织来研究各种物质代谢途径及酶系的作用,或从组织中分离纯化核酸、酶以及某些有意义的代谢物质来进行研究。在生物组织中,因含有大量的催化活性物质,离体组织的采集必须在冰冻条件下进行,并且尽快完成测定,否则其所含物质的量和生物活性物质的活性都将发生变化。

一般采用断头或颈椎脱位法处死动物,放出血液,立即取得所需脏器或组织,除去脂肪和结缔组织之后,用冰冷生理盐水洗去血液,再用滤纸吸干,称重后,按实验要求制成组织糜或组织匀浆。

1. 组织糜　迅速将组织剪碎,用捣碎机绞成糜状,或者加入少许净砂在研钵中研磨成糊状。

2. 组织匀浆　取一定量新鲜组织剪碎,加入适量匀浆制备液,用高速电动匀浆器或者玻璃匀浆器磨碎组织。因匀浆器的杆在高速运转中会产生热量,制备匀浆时,必须将匀浆器置于冰水中。常用的匀浆制备液有生理盐水、缓冲液、0.25mol/L 的蔗糖液等,应根据实验的要求加以选择。

3. 组织浸出液　上述组织匀浆再经过离心,分离出的上清液就是组织浸出液。

第 5 节　分光光度法

分光光度法是利用物质特有的吸收光谱,对物质进行鉴定和测定其含量的技术。光是由光子所组成的,光线就是高速向前运动的光子流,光的本质是一种电磁波,传播过程呈波动性,具有波长和频率的特征。

人肉眼可见的光线称为可见光,波长范围为 400～760nm。波长小于 400nm 的光线叫紫外线,波长大于 760nm 的光线叫红外线。可见光区的电磁波因波长不同而呈现不同的颜色,这些不同颜色的电磁波称为单色光。太阳及钨灯发出的白光,是各种单色光的混合光(复合光),利用棱镜可将白光分成按波长顺序排列的各种单色光,即红、橙、黄、绿、青、蓝、紫等,这就是光谱。将电磁波按波长(或频率)顺序排列起来,即得:

γ 射线	X 射线	紫外线	可见光	红外线	无线电用电磁波

一切物质都会对某些波长的光进行选择性的吸收,有色溶液之所以呈现不同的颜色,就是由于这种对光的选择性吸收所致。某些无色物质虽对可见光无吸收作用,但能选择性吸收特定波长的紫外线或红外线。物质的吸收光谱与它们本身的分子结构有关,不同物质由于其分子结构不同,对不同波长光线的吸收能力也不同。每种物质都具有特异的吸收光谱,在一定条件下,其吸收程度与该物质浓度成正比,因此可利用各种物质不同的吸收光谱及其强度,对不同物质进行定性和定量的分析。

分光光度法依据的原理是 Lambert-Beer 定律。该定律阐明了溶液对单色光吸收的多少与溶液浓度及溶液厚度之间的关系。

一、Lambert 定律

当一束单色光垂直通过一均匀的溶液时,一部分光会被溶液吸收,因此光线的强度会减弱。设:入射光强度为 I_0,溶液的厚度为 L,出射光即透过光强度为 I,则 I/I_0 表示光线透过溶液的程度,称为透过光(T)。若溶液的浓度不变,则透过溶液的厚度愈大,光线强度的减弱愈显著:

$$\lg \frac{I_0}{I} = K_1 L \tag{1}$$

K_1 是常数,L 为溶液的厚度(光径)。

二、Beer 定律

当一束单色光通过溶液介质时,若溶液的厚度不变而浓度不同时,溶液的浓度愈大,则光吸收愈大,透过光的强度愈弱:

$$\lg \frac{I_0}{I} = K_2 C \tag{2}$$

K_2 是常数,C 为溶液的浓度。

三、Lambert-Beer 定律

将(1)式与(2)式合并,则:

$$\lg \frac{I_0}{I} = KCL \tag{3}$$

因 $T = \dfrac{I_0}{I}$　$-\lg T = \dfrac{I_0}{I}$

令 $A = \lg \dfrac{I_0}{I}$　则 $A = -\lg T = KCL$

T 为透光度;A 为吸光度(光密度、消光度);K 为常数(消光系数),表示物质对光线吸收的能力,受物质种类和光线波长的影响,对于相同物质和相同波长的单色光则消光系数不变。

四、Lambert-Beer 定律的应用

1. 用标准管计算待测液含量　实际测量过程中,用一已知浓度的标准液和一未知浓度的待测液同样处理显色,读取吸光度,就可以得出下列算式:

$$A_{标} = KC_{标} L, \quad A_{样} = KC_{样} L$$

由于是同一类物质及相同光径,故 $\dfrac{A_{样}}{A_{标}} = \dfrac{KC_{样} L}{KC_{标} L} = \dfrac{C_{样}}{C_{标}}$

$$C_{样} = \frac{A_{样}}{A_{标}} \cdot C_{标}$$

式中,$C_{标}$:标准液浓度,$A_{标}$:标准液吸光度,$C_{样}$:待测液浓度,$A_{样}$:待测液吸光度。

根据上式可知,对于相同物质和相同波长的单色光来说,溶液的吸光度和溶液的浓度呈正比。用已知标准液的浓度及吸光度就可按公式算出待测液的浓度。

2. 用标准曲线进行换算　先配置一系列不同浓度的标准溶液,按测定管同样方法处理显色,在最大吸收波长(λ_{max})处读取各管吸光度,以各管吸光度 A 为纵轴,各管溶液浓度为横轴,在方格坐标纸上作图得标准曲线。以后进行测定时,只要待测液以相同条件在 λ_{max} 处读取吸光度 A,就可从标准曲线上查得该待测液的相应浓度。

标准曲线范围选择在待测浓度 0.5~2 倍之间较好,并使吸光度在 0.05~1.00 范围为宜,所作标准曲线仅供短期使用。标准曲线制作与待测液测定应在同一台仪器上进行,有时尽管型号相同,操作条件完全一样,因不是同一台仪器,其结果会有一定误差。

3. 利用摩尔消光系数 ε 计算待测液浓度　当溶液浓度为 1mol/L、溶液厚度为 1cm 时的吸光度值为摩尔消光系数,以 ε 表示,此时 ε 与 A 相等。

已知 ε 情况下,读取待测液径长为 1cm 时的吸光度 A,根据下式可求出待测液浓度:

$$C = \frac{A}{\varepsilon}$$

此计算式常用于紫外吸收法,如蛋白质溶液含量测定,因蛋白质在波长 280nm 下具有最大吸收峰,利用已知蛋白质在波长 280nm 时的摩尔消光系数,在读取待测蛋白质溶液的吸光度,即可算出待测蛋白质的浓度,无需显色,操作简便。

五、仪器的结构

分光光度计的种类很多,其原理和结构基本相似,一般都包括以下几个部件:

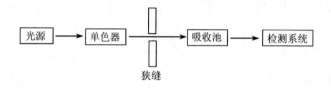

光源 → 单色器 ‖‖ → 吸收池 → 检测系统

狭缝

1. 光源 有钨灯和氖灯,前者适用于 340～900nm 波长范围,后者适用于 200～360nm 的紫外光区。光源的供电常需由稳压电源供给,以保证发出的光线稳定。

2. 单色器 是将混合光波分解为单一波长光的装置,多用棱镜或光栅作为色散原件,通过色散系统可根据需要选择一定波长范围的单色光。单色光波长范围愈狭,仪器的敏感性愈高,测定结果愈可靠。

3. 狭缝 是由一对隔板在光通路上形成的缝隙,通过调节缝隙的大小调节入射光的强度,并使入射光形成平行光线,适应检测的需要。

4. 吸收池 即比色杯(比色皿),一般由玻璃或石英制成。在可见光范围内测量时,选用光学玻璃吸收池;在紫外线范围内测量时必须用石英池。

5. 检测系统 由受光器和测量器两部分组成,常用的受光器有光电池、真空光电管或光电倍增管等。它们可将接收到的光能转变为电能,并应用放大装置将弱电流放大,提高敏感度,通过电流计显示出电流的大小,在仪表上可直接读得 A 值、T 值。

六、几种常用分光光度计的使用

(一) 721 型分光光度计

波长范围 360～800nm,在 410～710nm 灵敏度较好。该仪器用棱镜分光,光电管作检测器,光电流放大后,用一高阻毫伏计直接指示读数。其操作方法如下:

(1) 仪器未接电源时,电表指针必须位于刻度"0"上,否则要用电表上的校正螺丝进行调节。

(2) 接通 220V 电源,打开样品室的盖板,使电表指针指示"0"位,预热 20min,转动波长选择按钮,选择所需波长。用灵敏度选择钮选取相应的放大灵敏度档(其灵敏度范围是:第一档,1 倍;第二档,2 倍;第三档,20 倍),调节"0"电位器校正"0"位。

(3) 将比色杯分别盛空白液、标准液和待测液,放入暗箱中的比色杯架,先置空白液于光路上,打开光门,旋转"100"点位钮,使电表指针准确指向 T 为 100%。反复几次调整"0"及 100% 透光度。

（4）将比色杯架依次拉出,使标准液和待测液分别进入光路,读记吸光度值。每次测定完毕或换盛比色液时,必须打开样品室盖板,以免光电管持续曝光。

（二）722型分光光度计

722型分光光度计的特点是用液晶板直接显示透光度和吸光度,用光栅做单色器,使用方便,稳定性更高。操作方法如下:

（1）检查722型分光光度计的旋钮,使选择钮指向透光度"T",灵敏度钮置1档(此时放大倍率最小)。

（2）接通电源,打开检测室盖(此时光门自动关闭),开启电源开关,指示灯亮,预热20min。

（3）调节波长旋钮至所需波长。

（4）比色杯分别盛装空白液、标准液和待测液,依次放入检测室比色杯架内,使空白液对准光路。

（5）打开检测室盖,调节"0"旋钮,使数字显示为"0.00",盖上检测室盖(光门打开),调节透过率"100"旋钮,使数字显示为"100.0",重复数次,直至达到稳定。

（6）吸光度A的测量:选择钮拨向"A",显示为".000"。如果不是此值,可调节消光零旋钮,使其达到要求。再移动拉杆,使标准液和待测液分别置于光路,读取"A"值。然后再使空白液对准光路,如A值仍为".000",则以上标准液与待测液读数有效。

（7）打开检测室盖,取出比色杯,倾去比色液,用水冲洗干净,倒置于铺有滤纸的平皿中。

（8）浓度C的测定:选择开关由"A"旋至"C",将已标定浓度的标准液放入光路,调节浓度旋钮,使数字显示为标定值,再将待测液放入光路,即可读出待测液的浓度值。

（9）关闭电源开关,拔去电源插头,取出比色杯架,检查检测室内是否有液体溅出并擦净。

（10）检测室内放入干硅胶袋,盖上盖后套上仪器布罩。

（三）UV755B型紫外分光光度计

（1）开机前的检查:比色皿是否有杂物;电源开关是否在关的位置。

（2）开机:打开样品池盖子,插上电源,打开仪器后的电源开关,仪器显示"F755B";检查仪器后的反射镜的位置是否处于所需的灯源位置。200~300nm范围内用氘灯D,300~1000nm范围内用钨灯W。将左侧的波长调节按钮拉出,调节波长至所需之处。仪器预热30min。

（3）比色液的准备:将参比样品与三份待测样品分别倒入比色皿中(约为比色皿的3/4),然后将比色皿垂直放入比色皿架,夹子夹紧,盖上样品池盖子。

（4）检测:将参比样品推入光路,按"MODE"键使仪器显示"T"或"A";按"100%(ABS.0)"仪器显示"T100.0"或"A0.000";打开样品池盖子,按"0%"仪器显示"T0.0"或"AE1";盖上盖子,按"100%(ABS.0)"仪器显示"T100.0"或"A0.000";将待测样品依次推入光路,显示样品的T值或A值,按"PRINT"键打印数据,更换三个样品重复步骤4。

（5）关机:检测完毕,取出比色皿,将干燥剂放入比色架上,关掉电源,盖上样品池盖子。

（四）752型紫外光栅分光光度计

（1）接通电源预热10min,将选择开关置于"T"档。

（2）选择所需波长,打开样品室盖,空白液置于光路上。

（3）将灵敏度转盘由低到高逐步增加，每次均调节"0"旋钮，使数字显示 0。

（4）盖上样品室盖，调节"100"旋钮，使数字显示为透光度 100。

（5）将待测样品推进光路，从数字表上读出样品液的透光度。

（6）如果选择开关置于"A"档(空白液时，调节消光"0"钮为吸光度 0)可从数字表上读出吸光度 A 值。

（7）如将开关置于浓度旋钮"C"(标准液移入光路)，数字表上显示相应的标准值，再将待测样品推进光路，即可读出其浓度值。

七、注 意 事 项

（1）仪器须安装在稳固的工作台上，不可随意搬动。严防震动、潮湿和强光直射。

（2）手持比色杯的毛面(粗糙面)，不可用手或滤纸等摩擦比色杯的透光面。

（3）比色杯先用蒸馏水冲洗后，再用比色液润洗后才能装比色液。盛装比色液时，约达比色杯 2/3 体积，不宜过多或过少。若不慎使溶液流至比色杯外，须用棉花或擦镜纸吸干，才能放入比色架。拉比色杆时要轻，以防溶液溅出，腐蚀机件。

（4）比色杯用后应立即用自来水冲洗干净。若不能洗净，用 5% 中性皂溶液或洗洁精稀释溶液浸泡，也可用新鲜配制的重铬酸钾洗液短时间浸泡，然后用水冲净倒置晾干。

（5）每套分光光度计上的比色杯和比色架不得随意更换。

（6）试管架或试剂瓶不得放置于仪器上，以防试剂溅出腐蚀机壳。

（7）若不慎将试剂溅在仪器上，应立即用棉花或纱布擦干净。

（8）测定溶液浓度的吸光度值在 0.1~0.7 之间最符合光吸收定律。线性好、读数误差较小。如吸光度不在 0.1~1.0 范围内，可适当稀释或加浓比色液再进行比色。

（9）盖上检测室盖连续工作时间不宜过长，每次读完比色架内的一组读数后，立即打开检测室盖，以防光电管疲乏。

（10）仪器连续使用不应超过 2h，必要时可间歇半小时再用。

（11）仪器用完之后，须切断电源，套上干净的布罩。

（12）仪器较长时间不使用，应定期通电，使用前预热。

（13）722 型分光光度计的左侧下角有一干燥剂筒，检测室内放硅胶袋，应经常检查，发现硅胶变色，应更换新硅胶或烘干再用。

思 考 题

1. 有哪几种常用清洁液？如何配制？

2. 吸量管及微量移液器使用需注意些什么？

3. 离心机使用时应强调什么？

4. 实验样品的制备有哪些影响因素？

5. 分光光度计的原理依据的是什么定律？

6. 使用分光光度计应注意些什么？

（吴 艳 徐 岚）

第2章 电泳技术

第1节 电泳的基本原理

带电荷的质点,在一定条件的电场作用下,可向一极移动,如带正电荷的质点移向负极,这种现象称为电泳。许多生物分子都带有电荷,其电荷的多少取决于分子性质及其所在介质的 pH 及其组成。由于混合物中各组分所带电荷性质、电荷数量以及分子量的不同,在同电场的作用下,各组分泳动的方向和速度也各异。因此,在一定时间内,根据各组分移动距离的不同,可达到分离鉴定各组分的目的。

设一带电粒子在电场中所受的力为 F,F 的大小取决于粒子所带电荷 Q 和电场的强度 X,即:$F=QX$

又按 Stoke 定律,一球形的粒子运动时所受到的阻力 F' 与粒子运动的速度 v、粒子的半径 r、介质的黏度 η 的关系为:$F'=6\pi r\eta v$

当 $F=F'$ 时,$QX=6\pi r\eta v$

v/X 表示单位电场强度时粒子运动的速度,称为迁移率,也称电泳速度,以 ν 示,即:

$$\nu=v/X=Q/6\pi r\eta \tag{1}$$

由(1)式可见粒子的迁移率在一定条件下取决于粒子本身的性质,即其所带电荷的数量及其大小和形状。两种不同的粒子(如两种蛋白质分子)一般有不同的迁移率。在具体实验中,移动速度 v 为单位时间 t(以秒计)内移动的距离 d(以厘米计)即:

$$v=d/t$$

又电场强度 X 为单位距离 I(以厘米计)内电势差 E(以伏特计)即:$X=E/I$

以 $v=d/t$,$X=E/I$ 代入(1)式即得:$\nu=v/X=dI/Et$,所以迁移率的单位为 $cm^2\cdot s^{-1}\cdot V^{-1}$。

某物质在电场中移动的距离为:$d=\nu Et/I$

另一物质的移动距离为:$d'=\nu'Et/I$

两种物质移动距离的差为:$\Delta d=d-d'=(\nu-\nu')Et/I \tag{2}$

(2)式指出上述两物质能否分离决定于两者的迁移率。如两者的迁移率相同,则不能分离;如有差别则能分离。

第2节 影响电泳的主要因素

一、电泳介质的 pH

当介质的 pH 等于某种两性物质的等电点时,该物质处于等电状态,即不向正极或负极移动。当介质 pH 小于其等电点时,则呈正离子状态,移向负极;反之,介质 pH 大于其等电点时,则呈负离子状态,移向正极。因此,任何一种两性物质的混合物电泳均受介质 pH 的影响,即决定两性物质的带电状态及电量。为了保护介质 pH 的稳定性,常用一定 pH 的缓冲液,如分离血清蛋白质常用 pH8.6 的巴比妥或三羟甲基氨基甲烷(Tris)缓冲液。

二、缓冲液的离子强度

离子强度对电泳的影响是:离子强度低,电泳速度快,区带分离不清晰;离子强度高,电泳速度慢,但区分带分离清晰。如离子强度过低,缓冲液冲量小,不易维持 pH 的恒定;离子强度过高,则降低蛋白质的带电量(压缩双电层),使电泳速度减慢。所以常用离子强度为 0. 02~0. 2。

溶液离子强度的计算:

$$I = \frac{1}{2} \sum C_i Z_i^2$$

I:离子强度 C_i:物质量的浓度(指离子而言) Z_i^2:离子的价数

溶液中不能解离的或极少解离的物质不应计入离子强度。

三、电 场 强 度

电场强度和电泳速度成正比关系。电场强度以每厘米的电势差计算,也称电势梯度。如纸电泳的滤纸长 15cm,两端电压(电势差)为 150V,则电场强度为 150/15 = 10V/cm。电场强度愈高,则带电粒子的移动愈快。电压增加,相应电流也增大,电流过大时易产生热效应,可使蛋白质变性而不能分离。

四、电 渗 作 用

在电场中,液体对固体的相对移动,称为电渗。如滤纸中含有表面带负电荷的羧基,溶液则向负极移动。由于电渗现象与电泳同时存在,所以电泳的粒子移动距离也受电渗影响。如纸上电泳蛋白质移动的方向与电渗现象相反,则实际上蛋白质泳动的距离,等于电泳移动距离减去电渗距离。如电泳方向和电渗方向一致,其蛋白质移动距离,等于两者相加。电渗现象所造成的移动距离可用不带电的有色染料或有色葡聚糖点在支持物的中间,观察电渗方向和距离。

第 3 节　区带电泳的分类

一、按支持物物理性状不同区分

1. 滤纸及其他纤维素膜电泳　如乙酸纤维膜、玻璃纤维膜、聚胺纤维膜电泳。

2. 粉末电泳　如纤维素粉、淀粉、玻璃粉电泳。

3. 凝胶电泳　如琼脂糖、琼脂、硅胶、淀粉胶、聚丙烯酰胺凝胶电泳。

二、按支持物的装置形式不同区分

1. 平板式电泳　支持物水平放置,是最常用的电泳方式。

2. 垂直板式电泳　支持物垂直放置。

3. 连续流动电泳　首先应用于纸电泳,将滤纸垂直竖立,两边各放一电极,缓冲液和样品自顶端下流,与电泳方向垂直。可分离较大量的蛋白质。以后改用淀粉、纤维素粉、玻璃粉等代替滤纸,分离效果更好。

三、按 pH 的连续性不同区分

1. 连续 pH 电泳　电泳的全部过程中缓冲液 pH 保持不变。如纸电泳、乙酸纤维膜电泳。

2. 非(不)连续 pH 电泳　缓冲液与支持物之间有不同的 pH,如聚丙烯酰胺凝胶圆盘电泳、等电聚焦电泳、等速电泳等,能使分离物质的区带更加清晰,并可作 ng 级微量物质的分离。

不连续电泳与连续电泳的主要区别在于前者:①有两层不同孔径的凝胶系统;②电极槽中及两层凝胶中所用的缓冲液 pH 不同;③电泳过程中形成的电位梯度亦不均匀。而后者在这三个方面都是单一或是均匀的。

第4节　几种常见的电泳方法

一、聚丙烯酰胺凝胶电泳

聚丙烯酰胺凝胶电泳(polyacrylamide gel electrophoresis)是以聚丙烯酰胺凝胶作为载体的一种区带电泳,这种凝胶由丙烯酰胺(acrylamide,简称 Acr)和交联剂 N,N'-甲叉基(亚甲基)双丙烯酰胺(N,N'-methylene-bis-acrylamide,简称 Bis)聚合而成。聚丙烯酰胺凝胶具有机械强度好、弹性大、透明、化学稳定性高、无电渗作用、设备简单、用量少($1\sim100\mu g$)和分辨率高等优点,并可通过控制单体浓度或单体与交联剂的比例聚合成孔径大小不同的凝胶,可用于蛋白质、核酸等物质的分离、定性和定量分析,还可结合去垢剂十二烷基硫酸钠(SDS),以测定蛋白质亚基分子量。

Acr 和 Bis 无论是单独存在或混合在一起都是稳定的,出现自由基团时,就会发生聚合反应。自由基团的引发有化学和光合两种方法,化学法的引发剂是过硫酸铵(简称 AP),催化剂为四甲基乙二胺(简称 TEMED);光化学法是在光线照射下,由光敏感物质核黄素来引发,催化剂也是 TEMED。由于单体及交联剂、引发剂和催化剂的浓度、比例、聚合条件等的不同,便可产生不同孔径的凝胶。一般而言,凝胶浓度愈大,交联度愈大,孔径愈小。凝胶浓度的选用见表 2-1。

表 2-1　凝胶浓度的选用

	分子量	凝胶浓度(%)
	<10 000	20~30
蛋	10 000~40 000	15~20
白	40 000~100 000	10~15
质	100 000~500 000	5~10
	>500 000	2~5
	<10 000	15~20
核	10 000~100 000	5~10
酸	100 000~2 000 000	2~2.6

根据凝胶形状可分为盘状电泳和板状电泳。盘状电泳是在直立的玻璃管内进行电泳,

同时,由于样品混合物被分开后形成的区带非常窄,呈圆盘状(discoidshape),故而得名。板状电泳(垂直或水平)是将丙烯酰胺聚合成方形或长方形平板状,平板大小和厚度视实验需要而定。垂直平板电泳有如下优点:①表面积大,易于冷却,便于控制温度;②能在同一凝胶板上,相同操作条件下,同时点加多个样品,便于相互比较;③一个样品在第1次电泳后,可将平板转90°进行第2次电泳,即双向电泳;④便于用各种方法鉴定(如放射自显影等)。其缺点是操作较复杂,电压较高,电泳时间较长。

凝胶的机械性能、弹性、透明度和黏着度取决于凝胶总浓度。通常用$T\%$表示总浓度,即100ml凝胶溶液中含有Acr及Bis的总克数。Acr和Bis的比例常用交联度$C\%$表示,即交联剂Bis占单体Acr和Bis总量的百分数。

凝胶的孔径主要受$T\%$的控制。通常$T\%$越大,平均孔径越小,凝胶的机械强度增加。实验表明,当$T\%$值固定时,Bis浓度在5%的孔径最小,高于或低于5%时,孔径却相应变大。为了在使用凝胶做实验时有较高重现性,制备凝胶所用的Bis浓度、Bis和Acr的比例、催化剂的浓度、聚合反应的溶液pH、聚胶所需时间等,凡能影响迁移率的因子都必须保持恒定。欲将蛋白质或核酸类大分子混合物很好地分离,并在凝胶上形成明显的区带,选择一定孔径的凝胶是关键。文献中常见的标准凝胶的浓度为7.5%,孔径平均为5nm。大多数生物体内蛋白质在此标准凝胶中电泳均能得到满意结果。

不连续凝胶电泳的支持体由样品胶、分离胶和浓缩胶组成。样品胶在最上层;中层为浓缩胶,一般Acr为2%~3%,缓冲液为不同浓度的Tris-HCl,pH为6.7左右;分离胶在最下层,Acr为5%~10%,缓冲液常用Tris-HCl,pH为8.9。上下电泳槽盛有pH为8.3的Tris甘氨酸缓冲液,上电泳槽接电源的负极,下电泳槽接正极。

不连续凝胶电泳的分离原理如下:

(一) 样品的浓缩效应

1. 凝胶层的不连续性　浓缩胶与分离胶中所用原料总浓度和交联度不同,孔径大小就不同。前者孔径大,后者孔径小。带电荷的蛋白质离子在浓缩胶中泳动时,因受阻力小,泳动速度快。当泳动到小孔径的分离胶时,遇到阻力大,移动速度逐步减慢,使样品浓缩成很窄的区带。

2. 缓冲液离子成分的不连续性　最上层电极缓冲液中甘氨酸在pH8.3时,可部分解离为$NH_2CH_2COO^-$。胶中的缓冲液都是Tris-HCl,HCl在各自pH条件下均被全部解离为Cl^-。而在pH6.7时蛋白质被解离带负电荷(因大部分蛋白质pI值在5.0左右,通电后,电极缓冲液中的甘氨酸进入浓缩胶缓冲液,pH由8.3变为6.7),使甘氨酸解离度降低,负电荷减少,迁移率明显下降(称慢离子)。相反,Cl^-处于解离状态,且颗粒和摩擦力最小,其迁移率最大(称快离子)。结果在浓缩胶中,离子迁移率为$Cl^->$蛋白质$>$甘氨酸。由于Cl^-的快速移动,使在Cl^-后面胶层中的离子浓度骤然降低,形成一个低电导或称高电位梯度(电位差)区域。因为电泳速度取决于电位差和有效迁移率,所以在此区域中,使蛋白质离子及甘氨酸离子加速向阳极移动。由于蛋白质离子的有效迁移率居于两者之中,一定时间后,当电位梯度不大时,Cl^-能够超越蛋白质离子,而甘氨酸离子则落后于蛋白质离子。当这三种离子形成界面时,蛋白质离子就聚集在Cl^-和甘氨酸离子之间,浓缩成很窄的薄层。此浓缩效应使蛋白质浓缩了数百倍。

在分离胶层中,因缓冲液pH为8.9,甘氨酸进入此胶层后,其解离度大大增加,它的迁移率几乎与 Cl⁻ 接近。此外，分离胶孔径小，蛋白质在泳动时，所受阻力较浓缩胶中大，移动缓慢。由于这两个原因，使甘氨酸离子在分离胶中有效迁移率超过蛋白质离子，导致分离胶不具备浓缩效应，而只有分离效应。

（二）分子筛效应

由于在凝胶电泳中，凝胶浓度不同，其网的孔径大小也不同，可通过的蛋白质分子量范围也就不同。在分离胶中孔径较小，分子量和构型不同的蛋白质分子，通过一定孔径的凝胶时所受阻力不同，从而引起泳动速度的变化，所以多种蛋白质即使所带电荷相同，迁移率相等，在聚丙烯酰胺中经一定时间泳动后，也能彼此分开。大分子受阻程度大，走在后面，小分子受阻小，走在前面。

（三）电荷效应

由于各种蛋白质所带电荷不同，有效迁移率也不同，它们在浓缩胶和分离胶交界处被浓缩成狭窄区带，仍以一定顺序排列成各自的小圆盘状，紧接在一起。当它们进入分离胶时，由于电泳体系已处于一个均一连续状态中，故此时以电荷效应为主，带不同电荷的蛋白质离子按其移动速度大小顺次分离。

二、SDS-聚丙烯酰胺凝胶电泳

聚丙烯酰胺凝胶电泳是根据蛋白质分子（或其他生物大分子）所带电荷的差异及分子大小的不同所产生的不同迁移率而分离成若干条区带。然而有时两个分子量不同的蛋白质，由于其分子大小的差异，被他们所带电荷的差别补偿而以相同的速度向阳极移动，因而不能达到分离的目的。SDS-聚丙烯酰胺凝胶电泳就是设法将电荷差异这一因素除去或减少到可以不计的程度。

SDS 是一中阴离子表面活性剂，它能使蛋白质的氢键、疏水键打开，并结合到蛋白质的疏水部分，形成 SDS-蛋白质复合物。在一定条件下，SDS 与大多数蛋白质的结合比为 1.4g SDS∶1g 蛋白质。由于 SDS 带有负电荷，使各种 SDS-蛋白质复合物都带上相同密度负电荷，它的量大大超过了蛋白质分子原有的电荷量，因而掩盖了不同蛋白质分子原有的电荷差别。这样的 SDS-蛋白质复合物在凝胶电泳中的迁移率不再受蛋白质原有的电荷和形状的影响，而只与蛋白质的分子量有关。在一定条件下，迁移率与蛋白质的分子量的对数成正比。

$$Mr = K(10^{-bm}) \qquad \lg KM = \lg K - bm = K_1 - bm$$

式中，Mr：蛋白质的分子量，K、K_1：常数，b：斜率，m：迁移率。

应用 SDS-聚丙烯酰胺凝胶电泳测蛋白质分子量，必须先以已知蛋白质分子量迁移率为横坐标、已知蛋白质分子量对数为纵坐标作一标准曲线。然后把未知分子量的蛋白质样品在同样的条件下电泳，测出其迁移率。再从图中求出未知蛋白质样品的分子量。由于用这种方法测蛋白质分子量简便、快速、精确度高（一般误差在 ±10% 以内），近来已得到广泛应用。

三、免　疫　电　泳

免疫电泳是在凝胶电泳与凝胶扩散试验基础上发展起来的一项化学技术。它是一种特异性的沉淀反应,敏感性较高,每种抗原可以和相应抗体起反应,呈现一条乳白色的沉淀弧线。它不仅可以检定混合物中组分的数目,而且还可以利用各组分的电泳迁移率结合免疫特异性及化学性质和酶的活力等来确定混合物中各组分的性质。

将待检可溶性物质(抗原)在琼脂板上进行电泳分离,由于各种可溶性蛋白质分子的颗粒大小、质量与所带电荷的不同,在电场作用下,其带电分子的运动速度(迁移率)具有一定的规律。因此通过电泳能把混合物中的各种不同成分分离开来。当电泳完毕后,在琼脂板一定的位置上挖一条长的槽,加入相应的抗血清,然后置湿盆内让其进行双向扩散。在琼脂板中抗原和抗体互相扩散,当两者相遇且比例适合时,就形成了不溶性的抗原抗体复合物,出现乳白色的特异性沉淀弧线。可以根据出现的沉淀弧线数目来初步判定混合物中抗原的数量。一种好的抗血清应出现较清晰、特异性的沉淀弧线。沉淀弧线的位置取决于抗原和抗体两种反应物的分子量、比率和扩散速度。当抗原扩散速度慢时,沉淀弧线弯曲度大,其位置靠近移动轴。反之当抗原扩散速度较快时,弧度较平,其位置离开移动轴。

四、琼脂糖电泳

琼脂糖电泳是一种以琼脂糖凝胶为支持物的凝胶电泳,其原理与其他支持物电泳的最主要区别是:它兼有"分子筛"和"电泳"的双重作用。琼脂糖凝胶具有网络结构,直接参与带电颗粒的分离过程,在电泳中,物质分子通过空隙时会受到阻力,大分子物质在泳动时受到的阻力比小分子大,因此在凝胶电泳中,带电颗粒的分离不仅依赖于净电荷的性质和数量,而且还取决于分子大小,这就大大地提高了分辨能力。

琼脂糖(商品名 Agarose)系天然的琼脂(俗称洋菜)加工制得。琼脂是一种酸性物质,对生物大分子如蛋白质常有非特异性吸附作用。在电泳时,一方面造成严重的电渗现象,另一方面又能与某些蛋白质相互作用,影响电泳速度,加工制得的琼脂糖凝胶为支持物进行电泳可以克服琼脂不足之处。

琼脂糖凝胶通常制成板状,凝胶浓度以 0.8%~1% 为宜,因为此浓度制成的凝胶富有弹性,坚固而不脆,但是在制备过程中应避免长时间加热。

电泳缓冲液的 pH 多在 6~9 之间,离子强度最适为 0.02~0.05。离子强度过高时,将有大量电流通过凝胶,使凝胶中水分大量蒸发,甚至造成凝胶干裂,电泳中应加以避免。

由于琼脂糖电泳具有较高分辨率,重复性好,区带易染色、洗脱和定量等优点,所以常用于大分子物质如蛋白质、核酸等的分离分析;与免疫化学反应相结合发展成为免疫电泳技术,用于分离和检测抗原。若对目前常用的琼脂糖进行某些修饰,如引入化学基团羟乙基,则可使琼脂糖在 65℃ 左右便能熔化,被称为低熔点琼脂糖。该温度低于 DNA 的熔点,而且凝胶强度又无明显改变。以此为支持物进行电泳,称为低熔点琼脂糖凝胶电泳,主要用于 DNA 研究。如在分子生物学实验中,用来回收或制备 DNA。

五、等电聚焦电泳

等电聚焦电泳(isoelectrofocusing,IEF)是 20 世纪 60 年代后期才发展起来的新技术,基本原理是在制备聚丙烯酰胺凝胶时,在胶的混合液中加入载体两性电解质(商品名 Ampholine)。这种载体两性电解质是一系列含有不同比例氨基及羧基的氨羧酸混合物,其分子量在 300~1000 范围内,它们在 pH2.5~11.0 之间具有依次递变但相距很近的等电点,并且在水溶液中能够充分溶解。含有载体两性电解质的凝胶,当通以直流电时,载体两性电解质即形成一个从正极到负极连续增加的 pH 梯度。如果把蛋白质加入此体系中进行电泳,不同的蛋白质即移动并聚焦于相当其等电点的位置。

好的载体两性电解质应具有以下特点:在等电点处有足够的缓冲能力,不易被样品等改变其 pH 梯度;必须有均匀的足够高的电导,以便使一定的电流通过;分子量不宜太大,便于快速形成梯度并从被分离的高分子物质中除去,不与被分离物质发生化学反应或使之变性等。由瑞典 LKB 公司生产的 Ampholine 是一种常用的载体两性电解质。要取得满意的等电聚焦电泳分离结果,除有好的载体两性电解质外,还应有抗对流的措施,使已分离的蛋白质区带不致发生再混合。要消除这种现象,办法之一加入抗对流介质,用得最多的抗对流支持介质是聚丙烯酰胺凝胶。

等电聚焦电泳与其他区带电泳比较具有更高的分辨率,等电点仅差 0.01pH 的物质即可分开;具有更好的浓缩效应,很稀的样品也可进行分离,并且可直接测出蛋白质的等电点。所以此技术在高分子物质的分离、提纯和鉴定中的应用日益广泛。但是等电聚焦电泳技术要求有稳定的 pH 梯度和使用无盐溶液,而在无盐溶液中蛋白质易发生沉淀。

六、二 维 电 泳

见本章第 5 节。

第 5 节 二 维 电 泳

二维电泳(2-dimensional eletrophoresis,2-DE)是一种有效的一次能分离成百上千种蛋白质混合物的方法,但发明的起初,她仅仅是不引人注意的灰姑娘,而如今它在蛋白质组的分析中变得亮丽,日益重要。蛋白质混合物可以来自细胞、组织或者其他生物样品,这种技术分离蛋白质有两个步骤(图 2-1):第一步是等电聚焦,这是根据蛋白质等电点的性质;第二步是进行 SDS-PAGE,这是根据它们的分子量的大小。

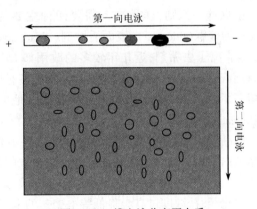

图 2-1 二维电泳分离蛋白质

Smithies 和 Poulik(1956)最早引入二维电泳技术,他们将纸电泳和淀粉凝胶电泳结合来分离血清蛋白质。随后二维电泳技术经历了更多的发展,并将聚丙烯酰胺介质引入应用,特别是等电聚焦技术在一向的应用,使基于蛋白电荷属性的一向分离成为可能。目前所应用的二维电泳体系是由 O'Farrell 等首先于 1975 年发明。在最好状态下,传统等电聚焦技术和 SDS-PAGE 在 20cm 左右长度的凝胶中可在各自方向上分辨出 100 个不同的蛋白质条带,因此,理论上的二维电泳分辨能力可达到 10 000 个点。目前已有实验室在 30cm×40cm 的大胶上获得这一分离效果。考虑到大多数实验室并不具备运行这种大胶所需的条件,普通情况下的凝胶(20cm×20cm)分辨到 3000 个点已是相当不错。二维电泳分离后的蛋白质点经显色方法如考马斯亮蓝染色、酸性银染、碱性银染、负性染色、荧光染色或放射性标记等染色处理后,通过图像扫描存档,最后呈现出来的是在二维方向排列的呈"满天星"状排列的小圆点,其中每一个点代表一个蛋白质。需要说明的是,由于在电泳过程中涉及亚基内或亚基间二硫键的还原和烷基化处理,亦即高级结构的去除,因此,通过二维电泳分离所得到的实质上是构成蛋白质的各个亚基,而非完整的功能蛋白质。

这项技术被广为应用是因为固相 pH 梯度的发明、新的质谱技术的发展、更有效以及便宜的软件的应用等。

二维电泳的应用主要是用于蛋白质组的分析。蛋白质组的分析是分析基因组表达的所有蛋白质组分。二维电泳的应用包括蛋白质组分析、细胞的分化、疾病指标的检测、药物的发现、癌的研究等。

二维电泳的过程:首先进行样品的准备,好的样品准备对产生好的二维电泳结果是非常重要的。第二步是进行固相 pH 梯度胶的泡涨。第三步是进行等电聚焦。第四步是固相 pH 梯度胶的平衡。第五步是进行 SDS-PAGE。第六步是胶上蛋白质的检测。第七步是进行图像的分析。

一、样 品 制 备

样品制备是双向电泳中最为关键的一步,这一步处理的好坏将直接影响 2-DE 结果。目前并没一个通用的制备方法,尽管处理方法多种多样,但都遵循几个基本的原则:①尽可能地提高样品蛋白质的溶解度,抽提最大量的总蛋白质,减少蛋白质的损失;②减少对蛋白质的人为修饰;③破坏蛋白质与其他生物大分子的相互作用,并使蛋白质处于完全变性状态。

根据这一原则,样品制备需要四种主要的试剂:离液剂(chaotropes),主要包括尿素(urea)和硫脲(thiourea);表面活性剂(sufactants),也称去垢剂,早期常使用 NP-40、TritonX-100 等非离子去垢剂,近几年较多的改用如 CHAPS 与 Zwittergent 系列等双性离子去垢剂;还原剂(reducing agents),最常用的是二硫苏糖醇(DTT),也有用二硫赤藓糖醇(DTE)以及磷酸三丁酯(TBP)等。当然,也可以选择性地加入 Tris-base、蛋白酶抑制剂(如 EDTA、PMSF or Protease inhibitor cocktails)以及核酸酶。

样品的来源不同,其裂解的缓冲液也各不相同。通过不同试剂的合理组合,以达到对样品蛋白的最大抽提。在对样品蛋白质提取的过程中,必须考虑到去除影响蛋白质可溶性和 2-DE 重复性的物质,比如核酸、脂、多糖等大分子以及盐类小分子。大分子的存在会阻塞凝胶孔径,盐浓度过高会降低等电聚焦的电压,甚至会损坏 IPG 胶条;这样都会造成 2-DE 的失败。样品制备的失败很难通过后续工作的完善或改进来获得补偿。

核酸的去除可采用超声或核酸酶处理,超声处理应控制好条件,并防止产生泡沫;而加入的外源核酸酶则会出现在最终的 2-D 胶上。脂类和多糖都可以通过超速离心除去。透析可以降低盐浓度,但时间太长;也可以采取凝胶过滤或沉淀/重悬法脱盐,但会造成蛋白质的部分损失。

二、固相 pH 梯度胶的泡涨和等电聚焦

早期的 pH 梯度是载体两性电解质在电场作用下达到各自等电点而形成的,这种临时建立起来的梯度胶稳定性有限,电泳时易因电渗现象而引起阴极漂移。此外,每一次灌制的重复性难以控制,而且临时灌制的一向胶,机械稳定性差,易拉伸或断裂,同样导致重复性的降低。此后,Gorg 等研制出另外一种等电聚焦技术——固相 pH 梯度等电聚焦(IPG),

这是双向电泳史上的一大突破。该技术是在丙烯酰胺凝胶预聚合时共价引入酸碱缓冲基团,利用一种偏酸性丙烯酰胺缓冲液和一种偏碱性的丙烯酰胺缓冲液根据所需 pH 范围按比例制得。为了使操作方便,IPG 胶在一层塑料支持膜上聚合,在洗去引发剂和剩余单体后,将干胶切成 3mm 宽的干胶条,保存于-20℃备用。与传统载体两性电解质预制胶相比,IPG 胶具有机械性能好、重现性好、易处理、上样量大的特点。同时 IPG 胶已有多种 pH 范围,可以满足窄范围高上样的制备分析需要。专门配合 IPG 胶的等电聚焦设备已商品化,如 Amersham-Pharmacia 公司的 IPGphor 及其附件,BIO-RAD 公司的 PROTEAN IEF,其编程自动化及高至 8000V 或 10 000V 的电压使得 IEF 在一个晚上即可完成,大大缩短了 2-DE 的进程。商品化的 IPG 胶是干胶,在使用前要在泡涨液中泡涨。如利用标准型胶条槽时,用适量的泡涨液进行胶条的泡涨过夜,在胶条槽的加样孔中加入浓缩的样品。设置 IPGphor 仪器运行参数:等电聚焦电泳时的梯度电压和温度,进行等电聚焦电泳。

三、IPG 胶条的平衡

在一向 IPG IEF 后,胶条可马上用于二向,也可保存在两片塑料膜间于-80℃存放几个月时间。在二向分离前,必须要平衡 IEF 胶。平衡过程需两个步骤,第一步的平衡液成分为 50mmol/L Tris 缓冲液(pH8.8),含 2% w/v SDS、20mmol/L DTT、6 mol/L 尿素和 30% 甘油。平衡液的主要作用是使一向胶条上的蛋白质变性。SDS 是一种阴离子去污剂,在溶液中当 SDS 单体浓度大于 1mmol/L 时,可以和蛋白质定量结合,蛋白质与 SDS 重量比为 1:1.4,此时蛋白质所带负电荷过量,而且与蛋白质相对分子质量成正比关系。在电场作用下,各蛋白质依所带负电荷数目迁移,迁移速率与电荷数成正比关系,亦即实现了蛋白质相对分子质量方向上的分离。为了让 SDS 与蛋白质充分结合,必须加入尿素和还原剂等,以去除蛋白的高级结构以及亚基之间相互作用,尿素和甘油同时也用于减缓电渗效应,否则会使一向到二向蛋白质转移率降低。加入还原剂 DTT 是为了在蛋白质与 SDS 充分结合的同时,二硫键也得到还原。整个第一步大约需持续孵育 15min。接下来同样是在缓冲液中平衡 15min,只不过此时用 100mmol/L 碘乙酰胺取代 DTT,这一步是用来烷基化自由 DTT 和蛋白质所带的自由疏基,否则自由 DTT 在二向 SDS-PAGE 胶迁移,会产生点条纹假象,在银染后会观察出来。另外一种可以一步完成平衡的方法是在平衡液中用 5mmol/L TBP 取代 DTT,TBP 不带电荷,在 SDS-PAGE 过程中不迁移。平衡后上二向胶之前,IPG 胶应沿边缘用滤纸约吸 1min 以去除多余平衡液。

四、SDS-PAGE

第一向 IEF 完成后,紧接着第二向的分子量分离。包括以下步骤:①制胶;②第一向胶转移至第二向胶上;③电泳;④蛋白检测。其中转移步骤是关键一步,第一向胶和第二向胶接触好坏及封胶均匀程度将直接影响到电泳分辨率的高低。

第二向胶有水平和垂直两种,垂直胶操作方便,特别是胶比较大时。垂直第二向胶上样量灵活,可用少量样品作分析胶,也可加大样品作制备胶。而水平胶的优点是无边缘效应,适于作分析胶。第一向胶和第二向胶的接触是影响电泳重复性的一个重要因素,一定要避免两者接触面上产生气泡,否则会产生阻力,使得胶条中的蛋白无法顺利迁移至第二向,产生点的扭曲现象。在垂直胶中为避免二向电泳时胶条在电极液中移位,需用含 0.5% 的琼脂糖的电极缓冲液封胶,此时,要避免引入气泡及封胶不均的现象。

五、蛋白质检测

双向电泳可以分辨上千个点,如何对这些点进行有针对性的分析,方法的选择至关重要。根据分离的目的,有多种检测方法,检测某类蛋白是否存在时多用 Western blotting 进行分析;显示蛋白质全谱时多用银染色法检测,或是用灵敏度较高的荧光标记与放射性标记检测;当双向电泳蛋白分离后紧跟质谱鉴定时,多用考马斯亮蓝 R-250(考染)、Cu 染或 Zn-咪唑负性染色等容易脱色或无需脱色的染色方法。除放射性检测外,银染是其中灵敏度最高的检测方法,可达 1~10ng,但由于银离子的强氧化作用,可能会导致蛋白质的化学修饰,同时传统银染方法中的增敏剂戊二醛是一种交联剂,易和自由氨基形成希夫碱,增加质谱鉴定时肽段提取的难度。去掉戊二醛的银染方法所提取的肽段数有所提高,但仍低于考马斯亮蓝等后三种染色方法,同时去除戊二醛后,染色灵敏度下降,背景升高。考染和负性染色虽然对下一步鉴定工作干扰较小,但染色灵敏度较低,考染约为 100ng。因此,目前蛋白质组研究中经常是结合两种染色方法,经银染分析寻找有意义点,再加大上样量,用考染显色,再作进一步质谱鉴定。

六、图 像 分 析

在一块 20cm×20cm 的胶上,即使只分辨出 1000 个点,仅仅通过用眼睛观察来比较几块胶之间的差异也是不现实的,很难判断出某些点的出现或消失,更不用说对蛋白质点的表达量进行比较分析了。这时,需要一套图像分析系统来完成,它包括图像采集硬件和图像分析软件。为了准确测定点的光密度,图像扫描仪应具有透射扫描的功能。扫描分辨率设置为 300dpi 为宜,因低于 300dpi 时会因分辨率太低而失去某些光密度信息,而高于 300dpi 时,图像信息得不到多大的改善,而且图形文件太大,增加了分析时间,甚至会导致程序运行困难而死机。

图像分析首先是要通过检测程序设定范围内点的光密度,来确定点的存在。当用于比较蛋白质组时,需要将多块胶进行对比的程序。经过多年发展,目前已形成了比较完善的图像分析系统。图像分析软件有 Melanie 3、PDQuest 6.0、Imagemaster 2D Elite 3.10 等,它们的基本功能是相近的,都包括以下几个步骤:①点的检测(spot detection);②背景校正(background substraction);③归化处理(normalization);④点的匹配(spot matching)。

除以上基本功能外,各软件还包括点密度的定量、等电点及分子量校正、参考胶的生成、数据表格的输出以及与 Internet 网络数据库的接口实现等。细胞蛋白通过等电点和分子量校正,可以为下一步的蛋白质鉴定网上搜索提供限制因素,从而排除其他范围蛋白质所造成的干扰。归一化处理功能可自动计算出某一蛋白质点在不同时相、不同环境条件或不同病理条件下双向电泳分离总蛋白组分中所占的百分含量,并以此来进行比较蛋白质组或功能蛋白质组分析。此外,这些软件很重要的功能是能直接和 Internet 上的数据库连接,有利于网上结果的检索以及电泳图谱的对比分析。Imagemaster 2d Elite3.10 还支持网页制作功能,方便了最后网上数据库的构建。

存在的问题:双向电泳虽是蛋白质组研究不可替代的方法,但仍存在一些需要探索的问题,有以下几个方面:①低丰度蛋白质点的检测;②极酸和极碱性区蛋白的分离;③高分子量区蛋白的分离;④膜蛋白的有效提取和分离;⑤还需要一种真正高通量的胶上蛋白鉴定技术。目前已有人成功地在极碱性区(pH>12)分离蛋白。三步提取方法的探索为膜蛋白的提取指明了道路。一种被称为分子扫描仪(molecular scanner)的新型生物质谱技术也正在形成之中。该技术利用涂有酶解液的膜,在双向凝胶转膜的同时进行酶切,再利用质谱扫描鉴定,此方法有利于高通量鉴定技术的实现,相信其在不久的将来就会投入应用。

当然也有人对双向电泳技术的发展敲响了警钟,认为大多数的功能蛋白质是低丰度表达的,意味着用目前的双向电泳技术和质谱联合很难实现对这些蛋白质的鉴定,利用在线多维色谱-质谱联合有针对性的免疫沉淀技术的完善来鉴定功能蛋白质是他们的研究方向。但不管怎样,双向电泳仍然是目前蛋白质组体系的支撑技术,而且不排除它在分辨率、显色和自动化等方面的更高突破。

思　考　题

1. 影响电泳的主要因素有哪些?
2. 主要有哪几类电泳?
3. 二维电泳有何特点及用途?

(石小蕊　郭　琳)

第3章 层析技术

层析技术是近代生物化学最常用的分离技术之一。它是利用混合物中各组分的理化性质(吸附力、分子形状和大小、分子极性、分子亲和力、分配系数等)的差异,在两相运动中,不断地进行交换、分配、吸附及解吸附等过程,可将各组分间的微小差异经过相同的重复过程而达到分离。配合相应的光学、电学和电化学检测手段,可用于定性、定量和纯化某种物质,其纯度高达99%。层析法的特点是分离率、灵敏度(pg-fg级)、选择性均高的一种分离方法。尤其适合样品含量少,而杂质含量多的复杂生物样品的分析。

无论哪种层析均由固定相和流动相组成。固定相可以是固体也可以是液体,但这个液体必须附载在某个固体物质上,该物质称载体或担体(support)。同样流动相可以是液体也可以是气体。

第1节 层析技术的分类

一、按层析原理分类

1. 吸附层析(absorption chromatography) 固定相是固体吸附剂,利用各组分在吸附剂表面吸附能力的差别而进行分离。

2. 分配层析(partition chromatography) 固定相为液体,利用各组分在两液相中分配系数的差别或溶解度不同使物质分离。

3. 离子交换层析(ion exchanger chromatography) 固定相为离子交换剂,利用各组分对离子交换剂的亲和力不同而进行分离。

4. 凝胶层析(gel chromatography) 固定相为多孔凝胶,利用各组分在凝胶上受阻滞的程度不同而进行分离。

5. 亲和层析(affinity chromatography) 根据生物特异性吸附进行分离,固定相只和一种待分离组分有高度特异性的亲和能力而结合,而与无结合能力的其他组分分离。

二、按操作方式不同分类

1. 纸层析(paper chromatography) 以滤纸作为液体的载体,点样后,用流动相展开,以达到组分分离目的。

2. 薄层层析(thin layer chromatography) 以一定颗粒度的不溶性物质,均匀涂铺在薄板上,点样后,用流动相展开,使组分达到分离。

3. 柱层析(column chromatography) 将固定相装柱后,使样品沿一个方向移动,以达到分离目的。

第2节 层析中的常用术语

一、保 留 值

保留值(retention value)表示样品中各组分在层析柱中停留时间的长短或组分流出时所需流

动相体积的多少。它用来描述层析峰在层析图上的位置(图3-1)。

二、层析峰区域宽度

层析峰区域宽度(Peak Width)有三种表示方法:

(一) 标准差

因分离过程中流出的曲线是正态分布曲线,两侧拐点之间的距离为两个标准差 σ。σ 的计算:流出峰到基线的距离为峰高的 0.607 倍,所以 σ 点峰高 0.607 倍处为层析峰宽度的一半。

σ 大,说明组分流出分散,层析峰宽度也大,是柱效不高的表现。反之,σ 小,表示组分在层析柱中集中,层析峰就窄,柱效也高。

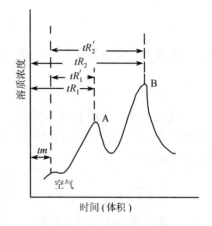

图3-1 A、B两组分的保留值

A. 保留值 $tR'_1 = tR_1 - tm$

B. 保留值 $tR'_2 = tR_2 - tm$

(二) 半峰宽($W_{\frac{1}{2}}$)

$W_{\frac{1}{2}} = 2.354\sigma$。峰宽($W_b$)是指通过层析峰两拐点作切线交于基线上的截距。$W_b = 4\sigma$。

三、分 离 度

分离度(R_s)指相邻两峰的保留差值是两峰宽平均值的几倍(图3-2)。

$$R_s = \frac{tR_2 - tR_1}{\frac{1}{2}(W_1 + W_2)}$$

$$若 \ W_1 - W_2 \quad R_s = \frac{\Delta tR}{W}$$

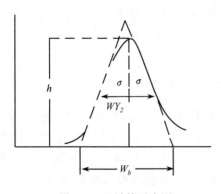

图3-2 R_s 计算示意图

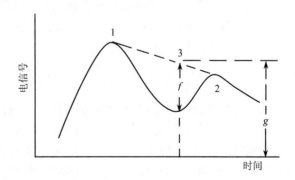

图3-3 垂直线法计算 R_s 示意图

R_s 愈大,说明分离效果愈好。在实际分离过程中,各组分含量不同,因而峰面积和峰宽在绝大多数情况下是不一致的,故一般用垂直线法来计算。具体是连接两峰顶,再从两峰间的峰谷向基线作一垂线,此线和上述连线交于 3 处。从 3 到峰谷的距离为 f,从 3 到基线距离为 g(图3-3)。

$$R_s = \frac{f}{g}$$

若 $R_s = 1$，则组分定会分离；$R_s < 1$，则组分部分分离；$R_s = 0$，组分不能分离或分离极差。

四、分配系数

在层析分离过程中，物质既进入固定相，又进入流动相，此过程称分配过程。无论哪一种层析法，在一定条件下，物质在固定相和流动相达到平衡时，它在两相中平均浓度的比值称分配系数（K）。

$$K = \frac{\text{溶质在固定相中的浓度}(C_s)}{\text{溶质在流动相中的浓度}(C_m)}$$

分配系数是由溶质的性质（分子大小、电荷、分子量等）所决定的。不同的层析机制，其 K 值涵义不同。吸附层析中，K 值表示吸附平衡常数；分配层析中，表示分配系数；离子交换层析中，表示交换常数；亲和层析中，表示亲和常数。K 值大表示其溶质在固定相中浓度大，在洗脱过程中，溶质出现较晚。K 值小表示其溶质在流动相中浓度大，故在洗脱液中出现较早。

若两组分在同一条件下具有相似的 K 值，则表明两组分层析峰重叠大，分离效果差。为达到分离目的，需重新选择实验条件，包括层析方式和流动相的改变。

五、柱　效

无论哪一种层析过程都是一个连续过程，各组分在流动相和固定相之间不断进行分配，但无法具体计算在某一点上的平衡情况。现以柱层析为例说明，某一组分随流动相经过一定距离后，流动相中某组分的平均浓度与固定相的平均浓度达到分配平衡，完成这一平衡所需要的层析柱的柱长称为板高或理论塔板等效高度，用 H 表示。一定柱长（L）中含有多少板高（H）称为理论塔板数（n），即：

$$n = \frac{L}{H} \quad (n: \text{理论塔板数}, L: \text{柱长}, H: \text{板高})$$

显然，H 愈小，n 就愈大，表明组分在两相间分配次数也愈多，分离效果就好，柱效就高。因而习惯上以塔板数的多少来衡量柱效的高低。塔板数的理论推导和计算较复杂，已有专门书籍介绍。其最终以数学公式表示：

$$n = \left(\frac{\Delta tR}{\sigma}\right)^2 \quad \text{或} \quad n = 16\left(\frac{\Delta tR}{W}\right)^2 \quad (\Delta tR: \text{保留值}, \sigma: \text{标准差}, W: \text{峰宽})$$

实际计算理论塔板数时，只要在层析图谱上测出某组分的保留值和在一定纸速下相应的峰宽，就可计算出在某一实验条件下的理论塔板数的近似值，以衡量柱效。若要得到真正的塔板数时，必需扣除未被固定相所占有的空间死体积（如柱的接口、连接柱接口的管路体积）和流动相为充满死体积时所需的时间，此时得到的塔板数称为有效塔板数（neff）。故上述公式可转化为：

$$n = 5.54\left(\frac{tR}{W\frac{1}{2}}\right)^2$$

第3节 纸 层 析

用滤纸作为支持物的层析技术,称为纸层析。纸层析结果的好坏除与选用展开剂的种类、实验中的点样量多少和点样时是否扩散、实验条件是否稳定有关外,还与所用层析滤纸的质量好坏密切相关。对层析用滤纸的要求是:质地均匀、厚薄均一、机械强度好、平整、无折痕、无明显纵向和横向纸纹等。层析常用滤纸有 Whatman 和国产新华层析滤纸。根据层析快慢及纸厚度可分若干型号(表3-1)。

表 3-1 新华层析滤纸的规格和性能

型号	厚度(nm)	性能	备注
1	0.17	快速	快速滤纸,因纸质疏松,斑点易扩散,适合于 R_f 值相差较大的样品和黏度较大的展开剂
2	0.16	中速	新华2.5号滤纸相当于 Whatman Ⅰ 和Ⅲ号层析滤纸
3	0.15	慢速	慢速滤纸,斑点不易扩散,适合黏度较小的展开剂和 R_f 值相差较小的样品,但展开时间较长
4	0.34	快速	
5	0.32	中速	
6	0.30	慢速	

由于纸层析是以滤纸作为惰性支持物,而滤纸纤维与水有较强的亲和力,约能吸收20%~22%的水,其中部分水与纤维素羟基以氢键形式存在;但滤纸纤维与有机溶剂的亲和力很小。所以滤纸的结合水为固定相,以水饱和的有机溶剂为流动相(展开剂)。当流动相沿滤纸经过样品点时,样品点上的溶质在水和有机相之间不断进行溶液分配,各种组分按其各自的分配系数进行不断分配,从而使物质得到分离和纯化。溶质在纸上的移动速度可用迁移率 R_f 值表示:

$$R_f = \frac{样品原点到斑点中心的距离}{样品原点到溶剂前沿的距离}$$

R_f 值主要决定于分配系数。一般分配系数大的组分,因移动速度较慢,所以 R_f 值也较小;而分配系数较小的组分,则 R_f 值也较大。可以根据测出的 R_f 值来判断层析分离的各种物质,当与标准品在同一标准条件下测得 R_f 值进行对照,即可确定该层析物质。

影响 R_f 值的因素有很多,除被分离组分的化学结构、样品和溶剂的 pH、层析时温度等外,流动相(展开剂)的极性也是一个重要因素。展开剂极性大,而极性大的物质有较大 R_f 值,极性小的物质 R_f 值亦小。常用流动相的极性大小依次排列如下:

水>甲醇>乙醇>丙醇>正丁醇>乙酸乙酯>氯仿>乙醚>甲苯>苯>四氯化碳>环己烷>石油醚

层析时,流动相不应吸取滤纸中的水分,否则改变分配平衡,影响 R_f 值。所以多数采用水饱和的有机溶剂如水饱和的正丁醇。被分离的物质不同,选择的流动相也不同(表3-2)。

表 3-2 纸层析时常用溶剂系统

被分离物质	常用溶剂系统(V/V)
α-氨基酸	酚:水(7:3),正丁醇:乙酸:水(4:1:2),水饱和的二甲基吡啶(正丁醇)
单糖	水饱和的酚(加1% NH_3 和小量 HCl)
糖醛酸和水溶性维生素	正丁醇:乙酸:水(4:1:5)
性激素	甲苯:石油醚:乙醇:水(200:100:30:70)

纸层析法既可定性又可定量。定量方法一般采用剪洗法和直接比色法两种。剪洗法将组分在滤纸上显色后,剪下斑点,用适当溶剂洗脱后,用分光光度计法定量测定。直接比色法是用层析扫描仪直接在滤纸上测定斑点大小和颜色深度,绘出曲线并可自动积分,计算结果。

为了提高分辨率,纸层析可用两种不同的展开剂进行双向展层,双向纸层析一般把滤纸裁成长方形或方形,一角点样,先用一种溶剂系统展开,吹干后,转 90°,再用第 2 种溶剂进行第 2 次展开。这样,单向纸层析难以分离清楚的某些物质(R_f 值很接近),通过双向纸层析往往可以获得比较理想的分离效果。

第 4 节　薄 层 层 析

薄层层析是利用玻璃板、塑料板、铝板、聚酰胺膜等作为固定相的载体,在板上涂上一薄层不溶性物质为固定相,再把样品涂铺在薄层的一端,然后用合适的溶剂作为流动相(展开剂)。薄层层析因固定相涂布物质的不同,可分成吸附薄层层析、离子交换薄层层析和分配薄层层析等 3 种。通常说的薄层层析就是指吸附薄层层析。有关薄层层析的基本原理与 R_f 值的计算与纸层析基本相似。现就薄层层析时应注意的事项简述如下:

一、吸附剂的选择

吸附剂的选择是否合适是吸附层析的关键。常用吸附剂有硅胶、氧化镁、氧化铝、硅藻土、纤维素等。硅胶为微酸性吸附剂,适合分离酸性和中性物质;氧化铝和氧化镁是微碱性吸附剂,适合分离碱性和中性物质;硅藻土和纤维素为中性吸附剂,适合分离中性物质。

二、吸 附 能 力

一般用活度来表示吸附剂的吸附能力。吸附能力主要受吸附剂含水量的影响。其由强到弱程度以 Ⅰ、Ⅱ、Ⅲ、Ⅳ、Ⅴ表示。吸附剂活度强时,能吸附极性较小的基团;吸附剂活度弱时,对非极性基团吸附能力也较强。一般利用加热烘干的办法,减少吸附剂的水分,从而增强其活度。通常,分离水溶性物质时,因其本身具有较强极性,故吸附剂活度要弱一些;相反,分离脂溶性物质时,吸附剂活度要强一些。

三、颗 粒 大 小

无论哪一种薄层层析,其吸附剂颗粒的大小和均匀性是保证每次实验保持 R_f 值恒定的基础,一般使用吸附剂颗粒直径为无机类 0.07～0.1mm(150～200 目),有机类 0.1～0.2mm(70～140 目)。颗粒太粗,层析时溶剂推进快,但分离效果差;而颗粒太细,层析时展开太慢,易产生斑点不集中并有拖尾现象。

薄层层析的优点是:设备简单,操作容易,层析展开时间短,分离效率高,可用腐蚀性显色剂,并可在高温下显色。

纸层析和薄层层析均可用于氨基酸、肽、核苷酸、糖类、脂类和激素等物质的分离和鉴定。

第 5 节　离 子 交 换 层 析

离子交换层析是利用离子交换剂对各种离子有不同的亲和力,来分离混合物中各种离

子的层析技术。作为固定相的离子交换剂,根据其不溶性物质(母体的化学本质)可以分为以下几类:

第1类是在纤维素分子结构上,连接一定的离子交换基团生成的离子交换纤维素。如DEAE-纤维素(二乙基氨乙基纤维素)、羧甲基(CM)纤维素、TEAE-纤维素(三乙基氨乙基纤维素)、GE-纤维素(胍乙基纤维素)等。

第2类是以不溶性的人工合成高分子为母体的离子交换树脂。如华东强酸阳#42、强酸732、Amberlite IR-100、Dowex 50、Amberlite IRC-50、神胶800等。

第3类是以葡聚糖凝胶为母体,结合一定的离子基团生成的离子交换葡聚糖凝胶。如DEAE-Sephadex A25、A50,CM-Sephadex C25,Sephadex C25,QAE-Sephadex A25、A50等。

以上各类离子交换剂,还可根据其所含酸性或碱性基团的解离能力的强弱,进一步分成强酸型和弱酸型以及强碱型和弱碱型(表3-3)。

表3-3 常用离子交换剂的种类及解离基团

种类		解离基团
阳离子	强酸型	磺酸基($-SO_3H$)等
交换树脂	弱酸型	羧基($-COOH$),酸羟基($-OH$)
阴离子	强碱型	季铵盐$[-N^+(CH_3)_2]$
交换树脂	弱碱型	叔胺$[-N(CH_3)_3]$,仲胺$[-NHCH_3]$,伯胺($-NH_2$)
阳离子	强酸型(磺乙基纤维素)	磺乙基($-O-CH_2-CH_2-SO_3H$)
交换纤维素	弱酸型(羧甲基纤维素)	羧甲基($-O-CH_2-COOH$)
阴离子	强碱型(胍乙基纤维素)	胍乙基($-O-CH_2-CH_2-NH-\overset{\overset{\displaystyle HN}{\mid}}{C}-NH_2$)
交换纤维素	弱碱型(二乙基氨基乙基纤维素)	二乙基氨基乙基$[-O-CH_2-CH_2-NH(C_2H_5)_3]$
阳离子交换	强酸型(磺乙基交联葡聚糖)	磺乙基
交联葡聚糖	弱酸型(羧甲基交联葡聚糖)	羧甲基
阴离子交换	强碱型(胍乙基交联葡聚糖)	胍乙基
交联葡聚糖	弱碱型(二乙基氨基乙基交联葡聚糖)	二乙基氨基乙基

离子交换剂的作用原理如下:

阳离子交换剂分子中具有酸性基团,能和流动相中的阳离子进行交换。

$$R-SO_3^-H^+ + Na^+ = R-SO_3^-Na^+ + H^+$$

阴离子交换剂分子中具有碱性基团,能和流动相中的阴离子进行交换。

$$R-N^+(CH_3)_3OH^- + Cl^- = R-N^+(CH_3)_3Cl^- + OH^-$$

流动相中,不同离子化合物带电荷多少不同,与离子交换剂相互作用的强弱也不同,当它们被结合到固定相交换基团上以后,可以用提高流动相中离子强度或改变pH的办法,把它们从离子交换柱上依次洗脱下来,达到分离纯化的目的。在实际工作中,可根据被分离物质所带电荷的种类、分离物分子的大小、数量等选用适当类型的离子交换剂。

离子交换层析时应注意以下几点:

一、选择合适的离子交换树脂

被分离的物质为无机阳离子或有机碱时,选用阳离子交换树脂;若是无机阴离子或有机酸时,选用阴离子交换树脂。交换树脂颗粒大小:离子交换树脂多为200~400目,纤维素离子交换剂为100~325目。分离用的树脂一般以直径较小为宜,因粒度小,表面积大,分离效率高。但粒度过小,装柱时太紧密,流速慢,需提高洗脱压力。

二、交换剂的处理

离子交换树脂出厂时为干树脂,使用时需用水或溶液浸透使其充分吸水膨胀,然后减压去气泡。倾去浮在溶液中的小颗粒树脂,再用去离子水洗至澄清,使用前用一定的pH和离子强度的缓冲液平衡。纤维素交换剂使用前处理原则基本同上。离子交换树脂和纤维素交换剂,均可再生后反复使用。再生方法为交换树脂使用后,将交换树脂泡入稀酸或稀碱溶液中,一段时间后用蒸馏水洗至中性;或用稀酸、稀碱缓缓流过交换柱,然后再洗至中性。离子交换纤维素使用后用2mol/L NaOH洗涤,然后用水洗净碱液,再用缓冲液平衡,供下次实验用。

三、装　　柱

一般层析柱选择原则是在柱的高度与直径之比以10∶1~20∶1为宜。装柱方法一般采用重力沉降法,其关键是交换剂在柱内必须分布均匀,严防脱节和产生气泡,柱中交换剂表面必须平整。

四、洗　　脱

一般是根据所用洗脱液比吸附物质具有更活泼的离子或基团,从而把吸附物质顶替出来,利用此原则选择各种洗脱液。若分离的是非单一物质,除正确选择洗脱液外,还可采用控制流速和分段收集的方法获得尽可能单一的物质。对一些复杂组分的分离,可采用浓度梯度洗脱或pH梯度洗脱。

第6节　凝胶层析

凝胶是一类具有三维空间多孔网状结构的干燥颗粒,当吸收一定量溶液后膨胀成一种柔软富有弹性、不带电荷、不与溶质相互作用的惰性物质,以它作为固定相的层析称为凝胶层析,层析用的凝胶大多为人工合成,目前应用最多的为葡聚糖凝胶(Sephadex),它是一种以环氧氯丙烷作交联剂交联聚合而成的右旋糖苷珠形聚合物。聚合物具有主体多糖网状结构,其网孔大小与交联度有关,交联度越大,网状结构越致密,网孔的孔径越小;交联度越小,网状结构越疏松,网孔的孔径越大。由于被分离物质的分子大小(直径)和形状不同,洗脱时,大分子物质由于直径大于凝胶网孔不能进入凝胶内部,只能沿着凝胶颗粒间的孔隙,随溶剂向下移动,因此流程短,首先流出层析柱;而小分子物质,由于直径小于凝胶网孔,能自由进出胶粒网孔,使之洗脱时流程增长,移动速度慢而最后流出层析柱。可见凝胶层析中的凝胶起着分子筛的作用,因而又称为分子筛层析,或排阻层析。

葡聚糖凝胶(Sephadex)不溶于水,但能吸水膨胀,其吸水量与交联度成反比。在Sephadex后面缀上G-X作为交联度的标记。交联度越小,吸水量越大,X值越大。实际上X值约为该胶粒吸水量的10倍。例如:Sephadex G-50和G-100,吸水量分别为5ml/g凝胶与10ml/g凝胶。此外交联度大,机械强度大,较能耐受较高压力,易采用高流速;而交联度小的如Sephadex G-150和G-200,则机械强度小,易被压缩,使用时流速需慢些,一般每分钟流速不大于2.0ml。

此外尚有以N,N'-亚甲基双丙烯酰胺为交联剂将丙烯酰胺聚合而成的聚丙烯酰胺凝胶,其商品名为生物胶 P(Bio-Gel P);琼脂糖凝胶是由 *D*-乳糖和 3,6 无水-*L*-乳糖残基组成的多聚糖,市售有 Bio-Gel A 和 Sepharose、交联琼脂糖(Sepharose CL-2B,Sepharose CL-4B 及 Sepharose CL-6B)等。各种凝胶由于交联剂的种类和比例不同,因而同一类凝胶可分成若干种类,分离大分子物质的性能也不一样,使用时必须根据被分离物质分子的大小、形状和分离目的选择不同类型的凝胶。各种凝胶的技术数据见表 3-4~表 3-7。

表 3-4 葡聚糖凝胶的某些技术数据

分子筛类型	干颗粒直径(μm)	分子量分级的范围		床体积(ml/g 干凝胶)	得水值	膨胀最少平衡时间(h)		柱头压力(ml H₂O)2.5cm 直径柱
		肽及球形蛋白质	葡聚糖(线性分子)			室温	沸水浴	
Sephadex G-10	40~120	<700	<700	2~3	1.0±0.1	3	1	
Sephadex G-15	40~120	<1500	<1500	2.5~3.5	1.5±0.2	3	1	
Sephadex G-25								
粗级	100~300(=50~100目)	1000~5000	100~5000	4~6	2.5±0.2	6	2	
中级	50~150(=150~200目)							
细级	20~80(=200~400目)							
超细	10~40							
Sephadex G-50								
粗级	100~300	1500~30 000	500~10 000	9~11	5.0±0.3	6	2	
中级	50~150							
细级	20~80							
超细	10~40							
Sephadex G-75	40~120	3000~70 000	1000~50 000	12~15	7.5±0.5	24	3	40~160
超细	10~40							
Sephadex G-100	40~120	4000~5 000 000	1000~100 000	15~20	100±1.0	48	5	24~96
超细	10~40							
Sephadex G-150	50~120	5000~400 000	1000~150 000	20~30	15.0±1.5	72	5	9~36
超细	10~40			18~32				
Sephadex G-200	40~120	5000~800 000	1000~200 000	30~40	20.0±2.0	72	5	4~16
超细	10~40			20~25				

表 3-5 聚丙烯酰胺凝胶的技术数据

型号	排阻的下限(分子量)	分级分离的范围(分子量)	膨胀后的床体积(ml/g 干凝胶)	膨胀所需最少时间(室温,h)
Bio-Gel-P-2	1600	200~2000	3.8	2~4
Bio-Gel-P-4	3600	500~4000	5.8	2~4
Bio-Gel-P-6	4600	1000~5000	8.8	2~4
Bio-Gel-P-10	10 000	5000~17 000	12.4	2~4
Bio-Gel-P-30	30 000	20 000~50 000	14.9	10~12
Bio-Gel-P-60	60 000	30 000~70 000	19.0	10~12

续表

型号	排阻的下限 （分子量）	分级分离的范围 （分子量）	膨胀后的床体积 （ml/g 干凝胶）	膨胀所需最少时间 （室温，h）
Bio-Gel-P-100	100 000	40 000~100 000	19.0	24
Bio-Gel-P-150	150 000	50 000~150 000	24.0	24
Bio-Gel-P-200	200 000	80 000~300 000	34.0	48
Bio-Gel-P-300	300 000	100 000~400 000	40.0	48

表 3-6 琼脂糖凝胶的技术数据

名称型号	凝胶内琼脂糖百分 含量(W/W)	排阻的下限 （分子量）	分级分离的范围 （分子量）	生产厂商
Sepharose 4B	4		$0.3 \times 10^6 \sim 3 \times 10^6$	Pharmacia Uppsala
Sepharose 10B	2		$2 \times 10^6 \sim 25 \times 10^6$	Sweden
Sagavac 10	10	2.5×10^5	$1 \times 10^4 \sim 2.5 \times 10^5$	Seravac Laboratories
Sagavac 8	8	7×10^5	$2.5 \times 10^4 \sim 7 \times 10^5$	Maidenhead England
Sagavac 6	6	2×10^6	$5 \times 10^4 \sim 2 \times 10^6$	
Sagavac 4	4	15×10^6	$2 \times 10^5 \sim 15 \times 10^6$	
Sagavac 2	2	150×10^6	$5 \times 10^5 \sim 15 \times 10^7$	
Bio-GelA-0.5M	10	0.5×10^6	$<1 \times 10^4 \sim 0.5 \times 10^6$	Bio-Rad
Bio-GelA-1.5M	8	1.5×10^6	$<1 \times 10^4 \sim 1.5 \times 10^6$	Laboratories
Bio-GelA-5M	6	5×10^6	$1 \times 10^4 \sim 5 \times 10^6$	California
Bio-GelA-15M	4	15×10^6	$4 \times 10^4 \sim 15 \times 10^6$	U.S.A
Bio-GelA-50M	2	50×10^6	$1 \times 10^5 \sim 50 \times 10^6$	
Bio-GelA-150M	1	150×10^6	$1 \times 10^6 \sim 150 \times 10^6$	

注：琼脂糖是琼脂糖内非离子型的组分，它在 0~4℃、pH 4~9 范围内稳定。

表 3-7 各种凝胶所允许的最大操作压

凝胶	建议的最大静水压 （cmH$_2$O）	凝胶	建议的最大静水压 （cmH$_2$O）	凝胶	建议的最大静水压 （cmH$_2$O）
Sephadex		P-2	100	Sepharose	
G-10	100	P-4	0	2B	12
G-15	100	P-6	100	4B	1
G-25	100	P-10	100	Bio-Gel	
G-50	100	P-30	100	A-0.5M	100
G-75	50	P-60	100	A-1.5M	100
G-100	35	P-100	60	A-5M	100
G-150	15	P-150	30	A-15M	90
G-200	10	P-200	20	A-50M	50
Bio-Gel		P-300	15	A-150M	30

第7节 亲 和 层 析

亲和层析是以能与生物高分子进行特异结合的配基作为固定相,对混合物中某一生物高分子进行一次性分离纯化的层析技术。

生物高分子具有能与其结构相对应的专一分子进行可逆性结合的特性。如:酶与底物、产物、辅酶、抑制剂和变构调节剂结合,激素与受体结合,抗原与相对的抗体结合,RNA与互补的 DNA 结合等。把作为配基(载体)的专一分子(如酶的底物、辅酶,抗原的互补抗体)以共价键连接到不溶性载体(如纤维素、葡聚糖凝胶)上,使之固相化,然后将固相化的载体装入层析柱,作为层析的固定相。把含有一种或数种生物高分子(如蛋白质)混合液加到柱上,这时混合物中与不溶性配基具有高度亲和性的蛋白质被吸留,其他不能与配基结合的蛋白质则不受阻碍地直接从柱中流出。再用缓冲溶液洗脱黏附在配基表面的非亲和吸附物,改变洗脱液,把特异吸附的蛋白质从不溶性配基上解离和洗脱下来。其基本原理如图 3-4。

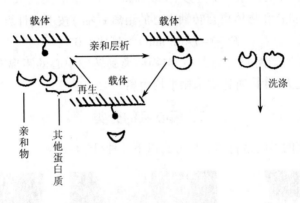

图 3-4　亲和层析的基本原理

作为配基(载体)最广泛应用的是琼脂糖凝胶,制品有球状琼脂糖凝胶(Sepharose 2B、4B 和 6B),活化后即可作为亲和吸附的载体,如 AH-Sepharose 4B、CH-Sepharose 和活化的 CH-Sepharose 4B 等。其中溴化氰(CNBr)活化的 Sepharose 4B 是亲和层析中使用最广泛的载体。

思 考 题

1. 层析可分哪几类?
2. 简述离子交换层析和凝胶层析的原理。

(周迎会)

第4章 离心分离技术

第1节 离心分离技术的原理

离心分离技术是一种用于混悬溶液的快速分离和沉淀的常规技术,它利用离心力将混悬液中悬浮的微粒快速沉淀,借以分离物质的方法。离心力是指物体作圆周运动时形成的一种迫使物体脱离圆周运动中心的力。离心分离技术所用的仪器是离心机。它能使物质作圆周运动,产生离心力。

一、离心力的计算

离心力 F 的单位为 g,即重力加速度(980.6cm/s²)。离心力的大小可根据离心时的每分钟的旋转周数(r/min)和物体离旋转轴中心的距离 r(cm)按下式计算:

$$F(g) = r \times (r/min)^2 \times 1118 \times 10^{-5}$$

在离心场中物体所受离心力的大小,与物体离旋转轴中心的距离有关,离轴心距离越大受到的离心力就越大,计算时通常采用平均距离。

二、离心机的分类

根据离心机转速的不同常将离心机分为以下几种(图4-1):

80-2 型普通离心机   6200 型高速冷冻离心机   optima 1-80xp 超速离心机

图 4-1 离心机的分类

1. 普通离心机(最高转速为6000r/min)   最大离心力为6000g,设备较为简单,一般只有驱动和速度控制系统。

2. 高速离心机(最高转速为 25 000r/min)   最大离心力为 60 000g,设备中配有冷却装置与真空系统,转头形式多样(角度转头、水平转头、垂直转头)。

3. 超速离心机(最高转速 40 000r/min 以上)   最大离心力为达 600 000g,设备较为复杂,主要包括驱动与控制系统、温度控制系统和真空系统,操作人员可通过微电脑自动计算与显示来设置程序并进行多批次重复运转。

一般情况下,离心机离心作用的大小,普通离心机常用 r/min 表示,超速离心机和高速离心机则用 g 表示。

第 2 节　离心机的使用方法与维护

一、普通离心机的常规使用方法

离心机的种类繁多,使用方法也略有差异。下面仅介绍普通离心机操作的共同原则与注意事项。

(1) 离心机应放置在平稳、固定的台面上进行操作,使用前首先检查离心管直径、长短与套管是否适合可用,离心机内部有无异物,能否正常运转。

(2) 套管底部应有橡皮垫或棉花,不应有其他物质或漏孔。

(3) 离心管放入套管准备离心时,首先在天平上将对称用之套管、离心管及管内之物一起,小心平衡之。这是使用任何一种类型离心机时的一种最重要操作规定。如不平衡,则离心机之轴受力不均,易被损坏。

(4) 平衡配平时,可在较轻的离心套管中加水,直至天平两边达到平衡。

(5) 平衡后,将离心管(连套管一起)放于离心机的对称位置,(不平衡的套管和离心管切不可放入离心机内),盖好盖子。

(6) 离心前检查电源开关是否处于"关"位置,调速旋钮是否置于最低速度位置。开动离心机时,先开启电源,调节时间旋钮至所需要的离心时间(min),再慢慢调节转速调节旋钮,使离心机慢慢开动,切忌骤然使速度加大,当转速达到所需要的速度时再计算与记录离心的时间。

(7) 转动正常时,机身稳定,声音均匀。若之前配平未达到对称管之平衡,机器会产生抖动和异响,这时应该马上关闭电源,停止离心。

(8) 离心完毕后,需要慢慢扭回转速调节旋钮来减速(有的离心机这个减速的过程是自动的,不需要手动操作)。待离心机完全自然停止后,再小心取出离心管和离心套管,最后关上电源。倒出离心套管中的平衡用水并将套管倒扣于干燥处晾干备用。

(9) 如离心管在离心过程中破碎,应立即停止转动,小心将玻璃碎片全部除去,并擦洗干净金属套管内之试液,以免腐蚀金属套管。

二、离心机的注意事项

(1) 离心有毒、放射性污染样品时必须有特殊的安全保护措施。

(2) 禁止在离心机离心转动过程中打开离心机的盖子,防止离心物飞出伤人。

(3) 禁止离心速度超出离心机的限速,以防损坏机器转轴。

(4) 易挥发的有机溶剂禁止进行离心操作。

三、离心机的日常维护

(1) 使用前必需仔细阅读本型离心机的使用说明书。

(2) 日常清洁保养离心机时,应使用水或中性清洁剂进行清洁机器外壳、转子和离心腔体。禁止使用酸碱性溶液或对材料有腐蚀的溶剂。

（3）离心机在未使用时，建议时常打开顶盖，使离心腔保持干燥。

（4）使用柔软抹布或镊子及时清理出离心腔内的碎片。

（5）离心机尽量与其他电器设备保持一定距离，并有良好的接地措施，且进行定期检查。

（6）离心机长期不使用时，应每月低速开机 1~2 次，每次半小时，保证各部件的正常运转。

第 3 节　离心技术的分类与选择

一、常用的离心方法

1. 分级离心技术　分级离心方法的优点是操作简单、分离时间短、处理样品量较大，可以快速地从混合悬浮液中分离出几种不同的组分，但是，分级离心技术也存在缺点：这种方法只能初步分离一些样品组分而很难获得某一单体物质。而且反复洗涤沉淀、再离心的过程会损伤细胞或细胞器，也可以造成大量的沉淀损失，因此分级离心方法只适用于那些对样品纯度要求不太高的实验，例如病毒和亚细胞器的浓缩实验。近年来，为了提高分级离心方法的分离效果，我们也可以在离心之前，选择一种密度较大的介质铺在待离心溶液的下方，只要介质层溶液的密度选得适当，沉淀目的物和杂质就可以很好的分离开。

2. 密度梯度离心　密度梯度离心法较分级离心法复杂，但是具有很好的分辨能力。密度梯度离心可以同时使样品中几个或全部组分分离，这是分级离心法所不及的。这个方法是把样品微粒在一个密度梯度介质中离心。这个介质由一合适的小分子和样品微粒可在其中悬浮的溶剂组成。离心时，离轴心愈远介质密度愈大。密度梯度离心法又可分为两种操作方法：速率区带离心技术和等比重技术，两者的原理是不同的。

（1）速率区带技术：用此技术分离样品，依赖样品中微粒或高分子的颗粒大小和沉降速度的不同。将一样品溶液铺于密度梯度介质液柱上部，样品在液柱上方形成负梯度，由于底部是一个很陡的正梯度，所以样品不会过早地扩散。在离心力的作用下，具有同一沉降速度的微粒呈区带状分离沉降，从而得到分离。要使离心成功，样品微粒的密度应大于梯度液柱中任一点的密度，并且在区带到达离心管底部时适时停止离心。速率区带法典型实验和运转参数见表 4-1。

表 4-1　速率区带法的典型实验和运转参数

样品	沉降系数(S)	转头[*]	蔗糖梯度(%)(w/w)	转速(r/min)	时间(h)	温度($℃$)
血清	4,7	SW60	5~20	60 000	5	5
血清	4,7,9	SW60	10~40	60 000	16	5
多核糖体(鼠肝)	80 以上	SW50.1	10~50	50 000	1.5	5
核糖体亚单位	30,50	SW50.1	10~40	50 000	3	5
血清	4,7	SW50.1	10~20	50 000	14	5
血清	4,7	SW50.1	3~15	50 000	6	5
酶(大部分)	2.5~4.5	SW60	10~40	60 000	18	5
亚细胞组分(无线粒体)		SW27	25/35[**] 45/55	27 000	3	5

续表

样品	沉降系数(S)	转头*	蔗糖梯度 (%)(w/w)	转速 (r/min)	时间(h)	温度(℃)
核糖体 RNA(鼠肝)	18.28	SW50.1	5~20	50 000	5	5
核糖体 RNA(鼠肝)	18.28	SW60	10~40	60 000	4.5	5
DNA(大部分)	22	SW60	碱性 10~40	55 000	5	5

* Beckman 离心机的转头型号,以 SW50.1 为例,SW 是水平式转头,50 表示最高转速为 50 000r/min,最后数字 1 是型号。SW40/41 是两种水平转头,最高转速分别为 40 000r/min 和 41 000r/min。

** 不连续梯度。

（2）等比重梯度离心技术:这是按微粒浮力密度分离的方法。介质的密度梯度范围包括所有待分离微粒的密度,样品铺在密度梯度液柱上端或均匀分布于介质之中。离心时微粒移至与本身密度相同的地方形成区带,它们的分离完全是由于它们之间的密度差异所造成的,和离心时间的长短无关。

等比重梯度离心实验中最常用的介质是碱金属盐溶液,如铯盐或铷盐。实验开始时往往是一密度均一的溶液,在离心过程中自动形成梯度,这个过程称为"自生梯度"。形成梯度过程中,原先均匀分布的样品微粒也下沉或上浮至其等比重位置。这种"自生梯度"技术需要长时间离心。例如,DNA 在氯化铯梯度中形成等比重区带需 36~48h。特别要指出的是,离心时间不会因转速增加而减少,提高转速只能使梯度物质重新分布,区带位置有所改变。

目前用于亚细胞结构和生物大分子分离制备的还有超速离心技术,其最高转速已达 85 000r/min 以上。为避免生物大分子在离心过程中降解或变性,往往采用高速冷冻离心技术,其最低温度可达-10℃左右。生物大分子在超离心力场作用下,离心力大于分子扩散力,生物大分子便逐渐沉降。分子量和分子形状不同,其沉降的速度就不同,因此而被分离。

生物大分子在单位离心力场作用下的沉降速度称为沉降系数。所谓沉降系数是微颗粒在离心力场的作用下,从静止状态到达极限速度所需要的时间。其单位用 Svedberg,即 S 表示,$S = 1×10^{-13}$s,免疫球蛋白 G(IgG)的沉降系数 S 为 $7×10^{-13}$s。

3. 分析性超速离心　分析性超速离心机主要由一个椭圆形的特殊转子、一套真空系统和一套光学系统所组成。椭圆形转子通过一个有柔性的轴连接到一个高速的驱动装置上,这种轴可使转子在旋转时形成它自己的轴。转子在一个冷冻的和真空的腔中旋转,其能容纳两个小室:一个分析室和一个配衡室。这些小室在转子中始终保持着垂直的位置。配衡室是一个经过精密加工的金属块,作分析室的平衡用。分析室(通常的容量是 1ml)是扇形的,当它正确地排列在转子中时,尽管处于垂直的位置,但是它的原理却和一个水平式转子相同,产生了一个十分理想的沉降条件。分析性超高速离心机可以在约 70 000r/min 的速度进行操作,产生高达 500 000g 的离心场。

该设备还配备有一个特殊的光学系统,可以保证在整个离心期间我们都能通过分析室上下两个窗口观察小室中沉降着的物质,在预定的时间可以拍摄沉降物质的照片。可以通过紫外光的吸收(如对蛋白质和 DNA)或者折射率上的不同对沉降物进行监视。在分析室中物质沉降的情况下,在重颗粒和轻颗粒之间形成的界面就像一个折射的透镜,结果在检测系统的照相底板上产生了一个"峰"。由于沉降不断进行,界面向前推进,因此峰也在移动。从峰移动的速度可以得到物质沉降速度的一个指标。

分析性超速离心主要是为了研究生物大分子的沉降特性和结构,而不是专门收集某一特定组分。因此它使用了特殊的转子和检测手段,以便连续监视物质在一个离心场中的沉降过程。分析性超速离心在生物学、医学方面的应用,包括测定生物大分子的分子量、估价样品的纯度和检测大分子构型的变化等方面。

二、离心技术的选择

针对不同的样品液,我们可以按照以下原则选择采取不同的离心方法:

(1)若样品液中含有两种或两种以上密度、质量不同的物质时,可采用分级离心技术。

(2)若对于有密度梯度差异的物质时,可采用密度梯度离心法。

(3)若不同物质的密度范围在某一离心介质的密度梯度范围内,则在离心过程中密度不同的物质可以各自移动到恰好的等密度点位置,分成不同的区带,在这种情况下,可采用等密度梯度离心法。

第4节 离心机转子的种类与应用

转子(也称转头)是离心机的重要组成部分,离心机的功能是由转子来实现的,一般离心机有一二十种转子可选择,每只转子的说明书中都标有最小、最大和平均半径及相对应的相对离心力值。转子的功能种类和技术规格是正确区分和评价国内外各品牌离心机产品的可靠标准,也是在使用者在进行离心机平台规划设计中应重点考虑的要素。

现有的转子的材料主要有铝合金和钛合金两种,其中铝合金虽然价格便宜,但是金属强度小、容易受酸、碱、盐的腐蚀,而且铝合金转子的最高转速较钛合金转子的最高转速小一些。因此,现有较好的离心机在价格允许的条件下均采用钛合金转子,来提高材料强度、抗化学腐蚀性和抗疲劳性,以期保证安全和延长设备使用寿命。

转子的种类分为:固定角度转子、水平转子、垂直转子等(图4-2)。

固定角度转子

水平转子

垂直转子

图4-2 离心机转子的种类

1. 角转子　它是固定角度转子的简称。装放溶液的离心管与转轴间的角度(25° ~ 30°)是转子制造时形成的,永远不能改变的。这种转子具有转速快、强度大、样品处理量有限等特点,主要适用于混悬液的沉淀离心(如分级离心方法),有时也用于重金属盐类的离心自成等密度分离。在使用角转子时应该注意,由于离心管内壁向外的压力使角转子中的离心管承受到相当大的压力,若软质离心管在管子没有装满液体的情况下会塌陷,硬质离心管反复使用也会破裂。

2. 水平转子　它是离心管放置在吊篮里,吊篮是轴对称地挂在转子上。离心旋转时,吊篮受离心力而由垂直位置甩到水平位置,故也称为外摆动式转子,它按结构又可分为:水平圆杯转子、水平管架转子、水平挂杯转子、水平吊篮转子和水平酶标板转子等。这种转子不宜高速分离,但宜大容量分离,主要适用于高分辨力的速度区带分离和等密度离心分离。在实际应用时,若等密度离心可选用短粗离心管,若速率区带离心则选用细长离心管,它们是用制备离心机作分析的最通用技术手段。

3. 垂直转子　垂直转子一般由钛合金制成,该转子与其他转子相比具有离心时间短、分辨率高的优点。在垂直角转子中,装放溶液的离心管在离心过程中始终保持垂直,即与旋转轴间的夹角为零度。该转子不用于分级离心方法,只有在梯度液作衬垫时,才可离心分离,现在超速离心机和高速离心机大都配垂直转子,其应用很广泛,可以分离且检定各种组织成分。

思　考　题

1. 常规的离心技术有哪些?
2. 离心机转子分哪几类? 各有什么特点?

(冯　磊　邹敏辰)

第5章 印迹技术

印迹技术最初用于核酸的分子检测,是核酸分子杂交技术中的重要部分。印迹杂交是分子生物学领域中最常用的基本技术之一,是指通过凝胶电泳分离的核酸片段转移到特定的固相支持物上,在转移过程中核酸片段保持其原来的相对位置不变,然后采用标记的核酸探针与结合于固相支持物上的核酸片段进行杂交的技术。其基本原理是具有一定同源性的两条单链核酸分子在一定的条件下(适宜的温度、离子强度等)可按碱基互补原则退火形成双链。可应用于基因克隆的筛选和酶切图谱制作、基因组中特定基因序列的定量和定性检测、基因突变分析及疾病的诊断等方面。杂交的双方是待测核酸序列及探针。待测核酸序列可以是克隆的基因片段,也可以是未克隆化的基因组 DNA 和细胞总 RNA。可分为 Southern 杂交和 Northern 杂交两种,前者检测样品为 DNA,后者为 RNA。后来人们还发现,蛋白质在电泳分离之后也可以转移并固定于膜上,相对应于 DNA 的 Southern blotting 和 RNA 的 Northern blotting,该印迹方法为 Western blotting。由于蛋白质常用抗体来检测,因此也被称为免疫印迹技术(immunoblotting)。

第1节 Southern 印迹杂交

DNA 的印迹杂交是由 E. Southern 于 1975 年首先设计应用的。DNA 分子杂交是将经琼脂糖凝胶电泳分离的限制性内切酶酶切质粒 DNA 片段,通过印迹技术将其转移到特异的固相支持物上,转移后的 DNA 片段保持原来的相对位置不变,再用标记的核酸探针与固相支持物上的 DNA 片段杂交,洗去未杂交的游离探针分子,通过放射自显影方法取得分子杂交的结果。

选择良好的固相支持物与有效的转移方法是膜上印迹杂交技术成败的两个关键因素。目前实验室最常用的杂交膜有硝酸纤维素膜、尼龙膜和聚二氟乙烯(PVDF)膜三种。在印迹实验中,需要将经凝胶电泳分离后的核酸转移到杂交膜上,Southern blotting 的实验分为 5 个部分。

(1)电泳:取适量的基因组 DNA 样品,采用适当的限制性内切酶进行酶切,酶切完全后进行琼脂糖凝胶电泳,在其中一孔内加入合适的 DNA 分子量标准参照物(marker)。

(2)转膜:将电泳完的凝胶进行 DNA 变性处理,然后夹在固相膜和滤纸之间(图 5-1),利用虹吸作用,在转移缓冲液从下而上的移动过程中,将 DNA 从凝胶带到固相膜上。这种转移到膜上的 DNA 不仅保持了在凝胶上的相对位置,而且也保留了凝胶上 DNA 量的信息。变性 DNA 紫外吸收增加的现象称为 DNA 的增色效应。当增色效应达到最大值的 50% 时的温度称为溶解温度(T_m)。在 T_m 时,核酸分子内 50% 的双链结构被解开。多数 DNA 的 T_m 在 85~90℃左右;事实上 T_m 并不是一个固定的常数,它受到以下因素的影响:①DNA 的碱基组成:DNA 的(G+C)%越高,T_m 也越高;计算公式为:$T_m = (G+C)\% \times 0.41 + 69.3$。②溶液的离子强度:DNA 链骨架上的磷酸基团带有较多的负电荷,它们之间的静电相斥作用是其双链的不稳定因素之一。在无盐的水中,DNA 在室温下就会变性,加入盐后,正离子可以封闭磷酸基团的负电荷,使 DNA 双链的稳定性增加,T_m 亦增高。③pH:pH 为 5~9,T_m 变化不明显。在高 pH 下,可使碱基失去形成氢键的能力。④变性剂:变性剂可干扰碱基堆积力和氢键的形成,因此可降低 T_m。常用的变性剂是甲酰胺和脲,通常用 50% 的甲酰胺以使 T_m 降低 30℃。

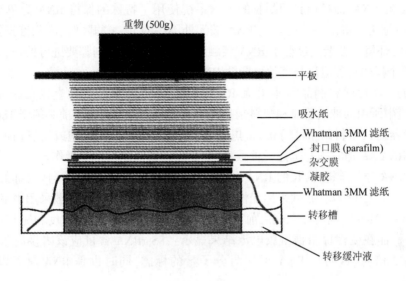

图 5-1 毛细管转移装置示意图

（3）DNA 的固定:为了满足杂交实验的要求,必须将转移后的 DNA 固定到杂交膜上。彻底干燥可以将 DNA 固定在尼龙膜或硝酸纤维素膜上,而尼龙膜在小剂量紫外线照射下可以与 DNA 分子形成共价结合。

（4）杂交:带有 DNA 的膜置于一定的缓冲液中,在此溶液中加入经过 DNA 变性处理的放射性核素标记的探针,在一定温度下进行 DNA 的复性反应。探针是用于检测互补核苷酸链存在与否的已知核苷酸链。为了便于示踪,探针必须用一定的手段加以标记,以利于随后的检测。常用的标记物是放射性核素,如^{32}P,^{35}S,^{14}C,^{3}H,^{125}I 等。放射性核素的敏感性高,方法简便,操作稳定,但其半衰期短,有放射性污染。与放射性核素标记的探针相比,非放射性物质,如地高辛配基、生物素、荧光素等标记的探针具有安全、无污染、稳定性好、显色快、易于观察等优点,近年来得到了广泛的应用。杂交前首先进行预杂交,目的是将杂交膜上的非特异性 DNA 结合位点封闭,减少与探针的非特异性吸附作用,降低杂交结果的本底。

（5）显影:杂交结束后,将膜在一张 X 线片上曝光。这样,有放射性核素的放射信号就会在与探针互补的 DNA 条带处出现。从而达到检测的目的。对于非放射性标记物探针的检测,如生物素标记的探针在杂交结束后,加入与辣根过氧化物酶（HRP）或碱性磷酸酶结合的链亲和素或卵白素,这些经过酶修饰的链亲和素或卵白素可以与生物素发生特异性结合。此外,也可以用化学发光法代替颜色反应。

第 2 节　Northern 印迹杂交

继分析 DNA 的 Southern 杂交方法出现后,1977 年 Alwine 等人提出一种与此相类似的、用于分析细胞总 RNA 或含 Ploy A 尾的 RNA 样品中特定 mRNA 分子大小和丰度的分子杂交技术,这就是与 Southern 相对应的定名为 Northern 印迹杂交。这一技术自出现以来,已得到广泛应用,成为分析 mRNA 最为常用的经典方法。

Northern 杂交的基本过程和原理都与 Southern 印迹相类似。所不同的是,在电泳时使用的是提取的 RNA,而且琼脂糖凝胶的电泳系统使用了特殊的保持 RNA 为单链的变性试剂。RNA 电泳中关键的一步是防止 RNA 被无处不在的 RNA 酶降解,因此首先要创造一个无 RNA 酶的环境。在杂交过程中 RNA 接触到的所有容器、试剂都要进行处理,淬灭其中的RNA 酶,整个操作过程应该与其他可能含 RNA 酶的操作分开。

灭菌的一次性塑料制品基本上无 RNA 酶污染,可以不经处理直接用于制备和储存RNA。实验中所用的玻璃器皿和塑料制品经常有 RNA 酶污染,使用前必须于 180℃ 干烤 6h以上(玻璃器皿),塑料制品可用 0.1% 焦碳酸二乙酯(DEPC)水浸泡或用氯仿冲洗。DEPC能够破坏 RNA 酶,但它本身也是一种致癌物,必须在通风橱内小心操作。

由于 RNA 分子单链时,长的 RNA 分子在溶液中可通过自身折叠形成局部的双链,为了使 RNA 按分子大小分离,必须采用变性剂对 RNA 样品进行处理。一般采用甲醛变性,相应的缓冲系统为 MOPS,同时在杂交之前,应保证核酸样品具有一定的纯度和完整性。质量较好的 RNA 样品在变性琼脂糖凝胶电泳结果显示:28S rRNA 含量应该明显高于 18S rRNA(通常约为 2 倍)。这两种 RNA 可作为分子量的标志,同时也是 RNA 是否降解的一个指标。

探针可以是 DNA,也可以是 RNA,但 DNA 比较稳定。由于 mRNA 是翻译成蛋白质的模板,所以用来代表细胞中某个基因表达的状况。但值得一提的是,mRNA 的量并不是与蛋白质的翻译完全一致的,所以在分析结果时需仔细考虑。

第 3 节 斑点杂交

将 RNA 或 DNA 变性后直接点样于硝酸纤维素膜或尼龙膜上,再采用特定的探针进行杂交,这种杂交方法称为点杂交(dot blotting),该方法常用于基因表达的定性及定量分析。RNA 点杂交是由 Kafatos 等首先提出,这种方法能从许多种 mRNA 中快速检测基因的转录产物,对于同时有多个克隆作最初鉴定特别有用。点杂交的优点是简单、迅速,可在一张膜上进行多个样品的检测,对于核酸粗提样品的检测效果较好;缺点是不能鉴定所测基因的分子量,而且特异性不高,有一定比例的假阳性。另一方面,由于斑点较大和尺寸变化,因此不易进行精确定量。尽管如此,在许多情况下仍可用 RNA 斑点杂交来衡量某一特定组织或培养细胞内特异基因的表达强度。

第 4 节 Western 印迹杂交

蛋白质印迹技术(Western blotting)是一种比较普遍使用的检测蛋白质的方法(图 5-2)。其原理和过程与 DNA 和 RNA 印迹技术类似。首先将蛋白质用变性聚丙烯酰胺凝胶电泳按分子量大小分开,再把蛋白质转移到 NC 膜或 PVDF 膜上,膜上蛋白质的位置可以保持在与凝胶相对应的位置上。与 RNA 和 DNA 不同的是,蛋白质的转移只有靠电转移才能完成,而且蛋白质的检测是以抗体做探针。Western 印迹是检测样品中特异性蛋白质是否存在,并进行半定量分析的常用技术。由于特殊抗体的供应,也使免疫印迹技术应用于细胞信号转导中的蛋白质磷酸化研究及蛋白质分子间的相互作用。

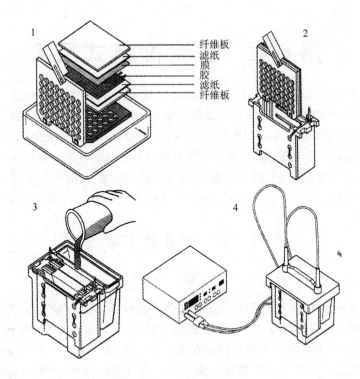

图 5-2 蛋白质印迹技术

蛋白质电泳前须从组织或培养的细胞中溶解出来。在组织和细胞裂解过程中要特别注意蛋白质的降解问题,也不能破坏蛋白质的抗原性。因此,可在裂解缓冲液中加入蛋白酶抑制剂,并保持低温操作。当采用 SDS-PAGE 样品缓冲液直接煮沸裂解时,由于操作时间很短,可以不用蛋白酶抑制剂。组织或细胞裂解后须蛋白定量。

蛋白质经 SDS-PAGE 电泳后转移至固相支持膜上,转移完成后,目的蛋白的检测依赖于高特异性的抗目的蛋白的抗体,配合酶标第二抗体的检测技术,采用了更为敏感的底物显色、化学发光、荧光底物来显示目的蛋白的有无和所在位置,大大推动蛋白质印迹反应的普遍应用。然而,Western blotting 所能测定的不是目的蛋白的绝对含量,只是相对含量。即该技术不能确定一种细胞含有多少目的蛋白,而只能确定该目的蛋白是否存在,或与其他细胞相比,该蛋白的含量的高低。由于检测信号的强弱受多种因素的影响,所以,一般仅作为半定量指标。

思 考 题

说明本章所述四种印迹技术的应用。

(高上上)

第6章 聚合酶链式反应

聚合酶链式反应(polymerase chain reaction,PCR)是一种体外特定核酸序列扩增技术,由 Mullis 及其同事于1985年在 Cetus 公司发明并命名。PCR 技术可以说是20世纪核酸分子生物学研究领域的一项革命性创举和里程碑,具特异、灵敏、得率高、简便快速、重复性好、易自动化等突出优点,能在一个试管内将所要研究的基因(目的基因)或某一 DNA 片段在数小时内扩增十万乃至百万倍,使肉眼能直接观察和判断;它可从一滴血、一根毛发,甚至一个细胞中扩增出足量的 DNA 供分析研究和检测鉴定。Mullis 因 PCR 技术分享了1993年诺贝尔化学奖。

第1节 PCR 技术概述

一、概 述

PCR 技术是利用 DNA 变性和复性原理在体外进行特定的 DNA 序列高效扩增的技术,类似于体内 DNA 的天然复制过程,只是在试管中给模板 DNA 的体外合成提供合适条件,在模板 DNA、引物和四种脱氧核糖核苷酸存在的条件下依赖于 DNA 聚合酶(DNA polymerase)进行酶促合成反应。PCR 反应主要分三步:变性、退火及延伸,以此为一循环,每一循环的产物都作为下一循环的模板,经数十次的反复后,就得到大量的特异性 DNA 片段。典型 PCR 反应条件一般为:94℃预变性5 min,94℃变性30s,55℃退火30s,72℃延伸60s,循环30次,最后再延伸72℃10 min,4℃冷却终止反应。

二、PCR 技术的特点

1. 特异性强 引物与模板 DNA 遵循碱基互补配对原则结合,耐热 DNA 聚合酶使整个反应可在较高温度下进行,结合的特异性大大提高。

2. 灵敏度高 PCR 产物的生成量是以指数方式增加的,能将皮克($pg = 10^{-12}g$)级的起始待测模板扩增到微克($μg = 10^{-6}g$)水平,可从100万个细胞中检出一个靶细胞,细菌最小检出率为3个细菌,病毒检测中灵敏度可达3个 RFU(空斑形成单位)。

3. 简便迅速 PCR 反应中变性-退火-延伸三步骤循环进行,一般2~4h 即可完成 10^6 倍以上的扩增,且扩增产物可直接电泳分析,直观、便捷。

4. 对模板要求低 不需特殊方法分离病毒、细菌或培养细胞,DNA 粗制品即可作为扩增模板,临床标本如体液、血液、洗漱液、毛发、细胞、活组织等皆可直接进行扩增检测,特别适用于难以分离培养和其他方法不易检出的病原体的诊断。

第2节 PCR 技术的基本原理

一、基 本 原 理

PCR 也称体外酶促基因扩增,原理类似天然 DNA 复制。主要由高温变性、低温退火和适温延伸三个反复的热循环构成:高温下,待扩增的靶 DNA 双链受热变性成为单链 DNA 模板;随后降低温度,两条人工合成的寡核苷酸引物与互补的单链 DNA 模板结合,形成部分双链;当温度调至耐热 DNA 聚合酶的最适温度时,以引物 3′端为新链合成的起点,四种 dNTPs 为原料,沿模板从 5′向 3′方向延伸,新链 DNA 合成。这样,每一条双链 DNA 模板,经过一次变性、退火、延伸三步骤的热循环后就成了两条双链 DNA 分子。如此反复多次,每一循环所产生的 DNA 均能作为下一循环的模板,每一轮循环都使两条人工合成的引物间的特异 DNA 区域拷贝数增加一倍,PCR 产物得以 2^n 迅速扩增,经过 25~30 个循环后,理论上可使基因扩增 10^9 倍以上,实际上能达到 10^6~10^7 倍。

　　PCR 主要反应由变性—退火—延伸三个基本步骤构成:①模板 DNA 的变性:一般选用 94℃左右 1min,模板 DNA 或经 PCR 扩增形成的 DNA 双链解离,成为单链,以便与引物结合,为下轮反应作准备;②模板 DNA 与引物的退火(复性):模板 DNA 经加热变性成单链后,温度降至 55℃左右(按引物实际情况确定合适的退火温度,通常在 45~65℃之间),时间常为 30s 至 1min,引物与模板 DNA 单链的互补序列配对结合;③引物的延伸:由耐热 DNA 聚合酶和扩增片段长度决定,*Taq* DNA 聚合酶一般 72℃反应 30s 至 2min。DNA 模板与引物结合物在耐热 DNA 聚合酶的作用下,以四种 dNTPs 为反应原料,靶序列为模板,按碱基配对与半保留复制原理,合成一条新的与模板 DNA 链互补的半保留复制链,并作为下一循环的模板。每经过这样一个变性、复性、延伸循环,模板 DNA 增加一倍。反应循环数按初始模板浓度确定,在 25~50 次之间。由于引物序列限定了扩增的范围,数十循环后使 DNA 模板的特异区域增加 10^6~10^9 倍(图 6-1)。

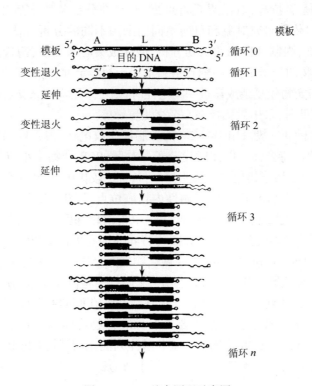

图 6-1　PCR 基本原理示意图

　　PCR 的三个主要反应步骤反复进行,使产物扩增量呈指数上升,最终的 DNA 扩增量可用 $Y=(1+X)^n$ 计算。Y 代表 DNA 片段扩增后的拷贝数,X 表示平均每个循环的扩增效率,n 代表循环次数。平均扩增效率的理论值为 100%,但实际反应中达不到理论值。在反应初期,靶序列 DNA 片段的增加呈指数形式,随着 PCR 产物的逐渐积累,被扩增的 DNA 片段不再呈指数增加,而是进入线性增长期或静止期,即出现"停滞效应",称之为平台(plateau)。到达平台期所需循环次数取决于样品中模板的拷贝。大多数情况下,平台期的到来是不可避免的。

二、PCR 扩增产物

PCR 扩增产物可分为长产物片段和短产物片段两部分。短产物片段长度严格地限定在两个引物链 5′ 端之间,是需要扩增的特定片段,长片段则超出了扩增范围,这是由于引物所结合的模板不一样而形成的。以一个原始模板为例,在第一个反应周期中,是以原始的两条互补 DNA 为模板,引物从 3′ 端开始延伸,其 5′ 端是固定的,3′ 端则无固定止点,长短不一,这就是"长产物片段"。进入第二周期后,引物除与原始模板结合外,还要同新合成链(即"长产物片段")结合。引物在与新链结合时,由于新链模板的 5′ 端序列是固定的,就给这次延伸片段的 3′ 端固定了止点,保证了新片段的起点和止点都限于引物扩增序列以内,形成长短一致的"短产物片段"。可以看出"短产物片段"是按指数倍数增加,而"长产物片段"则以算术倍数增加,几乎可忽略不计,这使得 PCR 的反应产物不需纯化,就能保证足够纯 DNA 片段供分析使用。

三、扩增产物分析

PCR 扩增产物是否特异,其结果是否可靠,必须在分析与鉴定后才能得出正确结论。PCR 产物的分析,可依据研究对象和目的不同而采用不同的分析方法。主要检测方法有:凝胶电泳,分子杂交,限制性内切酶酶切分析,微孔板夹心杂交法,酶检测法,直接测序等。凝胶电泳是根据产物的分子量大小进行分析,适用于初步定性,它要求 PCR 反应体系稳定、成熟。当 PCR 扩增产物较复杂或需进一步定性时,则可采用斑点杂交或印迹杂交分析。当 PCR 扩增产物量较低时,采用微孔板夹心杂交法更敏感。

1. 凝胶电泳分析　一般采用 1% ~ 2% 的琼脂糖凝胶电泳,溴乙啶(EB)染色,紫外灯下观察,初步判断产物的特异性。电泳时设分子量对照,PCR 产物大小应与预期一致。6% ~ 10% 聚丙烯酰胺凝胶电泳分离效果比琼脂糖好,条带比较集中,可用于科研及检测分析。

2. 酶切鉴定　根据 PCR 产物中限制性内切酶位点,用相应的酶切、经电泳分离后,获得符合理论的片段。此法既能进行产物的鉴定,又能对靶基因分型,还能进行变异性研究。

3. 分子杂交　分子杂交是检测 PCR 产物特异性的有力证据,也是检测 PCR 产物碱基突变的有效方法。①Southern 印迹杂交:在两引物之间合成一条寡核苷酸链标记后做探针,与 PCR 产物杂交。该法既可进行特异性鉴定,又能提高检测灵敏度,还可获知产物的分子量大小及条带形状;②斑点杂交:将 PCR 产物直接点在硝酸纤维素膜或尼龙膜上,用内部寡核苷酸探针杂交,观察有无着色斑点,主要用于 PCR 产物特异性鉴定及变异分析。

4. 核酸序列分析　将 PCR 产物进行核苷酸序列测定,是检测 PCR 产物特异性的最可靠方法,适用于微生物分型和突变研究,也可用于新物种的发现。

第 3 节　PCR 反应条件的优化

PCR 反应体系的组成:①模板核酸(DNA 或由 RNA 反转录产生的 cDNA);②寡核苷酸

引物;③耐热 DNA 聚合酶;④Mg^{2+};⑤dNTPs;⑥合适的缓冲体系;⑦温度循环参数。根据不同目的和要求,PCR 扩增产物的长度一般在 200~1000bp,特定条件下可得到长至 10kb 的片段。PCR 反应体系中的各个成分均会影响 PCR 的扩增。通过对反应体系中的各种因素和操作过程的优化,才能确保 PCR 扩增成功。

一、引　物

PCR 是一种选择性体外扩增 DNA 的方法,扩增产物的特异性主要由引物决定,引物设计的好坏是 PCR 成功与否的关键。引物设计一般遵循以下原则:

1. 引物长度　一般为 15~30bp,常用的是 20bp 左右。引物太短,就可能同非靶序列杂交而得到非特异的扩增产物或形成引物二聚体。

2. G+C 含量　以 40%~60% 为宜,含量太低扩增效果不佳,过高又易出现非特异条带。引物的 G+C 含量和 T_m 值应该协调,可按公式 $T_m=4(G+C)+2(A+T)$ 估计引物的 T_m 值,两条引物的 T_m 值相差 2℃~3℃为宜。

3. 碱基分布随机　引物中 4 种碱基应随机分布,避免四个以上的嘌呤或嘧啶连续出现。

4. 避免互补　引物自身不应存在互补序列,以免自身折叠成发夹结构影响与模板的退火结合。两引物之间也不应有互补性,尤其是避免 3′端的互补而形成引物二聚体,产生非特异的扩增条带,使靶序列的扩增量下降。

5. 引物的 3′端　引物 3′端不得有任何修饰,特别是最末二个碱基,应严格与靶序列配对,以免因末端碱基不配对而导致 PCR 失败。

6. 引物的特异性　引物应与核酸序列数据库的其他序列无明显同源性。引物中有或能加上合适的酶切位点为好,这对酶切分析或分子克隆很有利。

7. 引物浓度　反应体系中每条引物的量一般为 10~100pmol,以最低引物量进行扩增为好,引物浓度偏高会引起错配和非特异性扩增产物,也增加了引物二聚体形成的机会。

引物的质量、引物的浓度、两条引物的浓度是否一致,是 PCR 失败或扩增条带不理想、容易弥散的常见原因。有些引物合成质量有问题,一条浓度高,一条浓度低,会造成低效率的不对称扩增,最好通过电泳鉴定引物浓度和两引物亮度,如亮度有高低,在稀释引物时就要平衡其浓度。引物保存应高浓度,小量分装,防止多次冻融或长期存放于 4℃,导致引物变质降解失效。

二、耐热的 DNA 聚合酶

耐热 DNA 聚合酶包括 *Taq* DNA 聚合酶、*Tth* DNA 聚合酶、*Vent* DNA 聚合酶、*Sac* DNA 聚合酶等,以 *Taq* DNA 聚合酶应用最广泛。*Taq* DNA 聚合酶是 1988 年 Saiki 等从温泉中分离的一株水生嗜热杆菌(*Thermus aquaticus*)中提取到的,具耐高温特性,在 70℃下反应 2h 后其残留活性大于原来的 90%,在 93℃下是原来的 60%,在 95℃下是原来的 40%,热变性时不会被钝化。*Taq* 酶在 92.5℃、95℃和 97.5℃时半衰期分别为 40min、30min 和 5min~6min,故 PCR 中变性温度不宜高于 95℃。*Taq* 酶的最适温度是 72℃,有 5′-3′外切酶活性,但无 3′-5′外切酶活性,无校对活性。因此,在 PCR 反应中每 $2×10^4$ 个核苷酸中有可能掺入 1 个错误核苷酸,这对一般的 PCR 产物分析不会有多少影响,但当 PCR 扩增产物用于分子克隆时,则应使用保真性更高的 DNA 聚合酶。

在 100μl 反应体系中,一般需要 *Taq* DNA 聚合酶 0.5~5 U,酶浓度过高,引起非特异性产物的扩增,浓度过低则扩增产物量过少。*Taq* DNA 酶可在 −20℃贮存至少 6 个月。选择高质量的酶很关键。

三、Mg^{2+} 浓 度

Mg^{2+}对 PCR 扩增的特异性和产量有显著的影响,*Taq* DNA 聚合酶的酶活性依赖 Mg^{2+}。在一般的 PCR 反应中,各种 dNTP 浓度为 200μmol/L 时,Mg^{2+}浓度以 1.5~2.0mmol/L 为宜。Mg^{2+}浓度过高,反应特异性降低,出现非特异扩增,浓度过低会降低 *Taq* DNA 聚合酶的活性,使反应产物大大减少。

四、dNTP

dNTP 的质量与浓度和 PCR 扩增效率密切相关,多次冻融会使 dNTP 降解。在 PCR 反应中,dNTP 浓度应为 20~200μmol/L,尤其是注意 4 种 dNTP 的终浓度要相等(等摩尔配制),如其中任何一种浓度不同于其他几种时(偏高或偏低),都会导致错配。dNTP 浓度过低将降低 PCR 产物的产量,浓度过高虽可加快反应速度,但也增加碱基的错误掺入率,适当的低浓度反而会提高反应的精确度。此外,dNTP 是磷酸根的来源,会与 Mg^{2+}结合,也应注意协调 Mg^{2+}浓度和 dNTP 浓度之间的关系。

五、模 板 核 酸

PCR 反应中的模板可以是基因组 DNA,质粒 DNA,噬菌体 DNA,扩增后的 DNA、cDNA 等,RNA 的扩增则需先反转录后才能进行,通常小片段模板扩增效率高于大分子。因此,PCR 反应前用机械剪切或限制酶酶解基因组 DNA,可以提高产率。模板可以是单链或双链。

模板核酸的量与纯化程度是 PCR 成败与否的关键环节之一。PCR 反应中模板加入量一般为 10^2~10^5 拷贝。传统的 DNA 纯化方法采用 SDS 和蛋白酶 K 来消化处理标本,再经有机溶剂酚与氯仿抽提,去除蛋白质和其他细胞组分,最后用乙醇或异丙醇沉淀核酸。临床检测标本可采用快速简便的方法溶解细胞,裂解病原体,消化除去染色体的蛋白质使靶基因游离,直接用于 PCR 扩增。RNA 模板提取一般采用异硫氰酸胍或蛋白酶 K 法,操作中特别要防止 RNase 降解 RNA。模板中如含 *Taq* 酶抑制剂或酚、靶序列变异(如靶序列发生突变或缺失)、变性不彻底等,都将影响引物与模板特异性结合,其 PCR 扩增是不会成功的。

六、缓 冲 体 系

PCR 的缓冲液一般制成 10×缓冲液,含 500mmol/L KCl,100mmol/L Tris-HCl(pH8.3),15mmol/L MgCl$_2$ 和 0.1%明胶等。其中 Tris-HCl 可维持反应体系的 pH;KCl 有利于引物的复性,但浓度过高会抑制 *Taq* DNA 聚合酶的活性;明胶可保护酶不变性失活;Mg^{2+}能影响 *Taq* 酶的活性,影响反应的特异性和扩增 DNA 的产率,因此,需将 Mg^{2+}浓度调至最佳。

七、PCR 反应条件

PCR 反应条件为温度、时间和循环次数。

1. 温度与时间 基于 PCR 循环三步骤而设置变性-退火-延伸三个温度点。在标准反应中采用三温度点法,对于较短靶基因(长度为 100~300bp)可采用二温度点法,除变性温度外,退火与延伸温度可合二为一,一般采用 94℃变性,65℃左右退火与延伸(此温度 *Taq* DNA 酶仍有较高的催化活性)。

（1）变性温度与时间：变性温度低，变性时间短，使靶基因模板或 PCR 产物解链不完全，极有可能出现假阴性，是导致 PCR 失败的最主要原因之一。变性温度通常在 90~95℃，93℃以上 1min 足以使模板 DNA 解链，若低于 93℃则需延长时间。但温度不可过高，因高温环境对酶活性有较大影响。变性所需的时间取决于 DNA 的复杂性。通常采用 94℃ 30s 对模板 DNA 进行变性。

（2）退火（复性）温度与时间：退火温度是影响 PCR 特异性的较重要因素，退火温度过低，可致非特异性扩增而降低特异性，退火温度过高影响引物与模板的结合而降低 PCR 扩增效率。变性后温度快速冷却至 45~65℃，可使引物和模板发生结合。由于模板 DNA 比引物复杂得多，引物和模板之间的碰撞结合机会远远高于模板互补链之间的碰撞。退火温度与时间，取决于引物长度、碱基组成及浓度，还有靶序列的长度。退火温度一般低于引物 T_m 值 5~10℃，对于 20 个核苷酸，G+C 含量约 50% 的引物，选择 55℃ 为最适退火温度的起点较为理想。在 T_m 值允许范围内，选择较高的复性温度可大大减少引物和模板间的非特异性结合，提高 PCR 反应的特异性。复性时间一般为 30~60s，这足以使引物与模板之间完全结合。

（3）延伸温度与时间：PCR 反应的延伸温度选在 70~75℃ 之间，常用 72℃，此时 Taq 酶活性最高，过高的延伸温度不利于引物和模板的结合。延伸时间可根据扩增片段的长度而定，一般 1kb 以内延伸 1min，3kb~4kb 的靶序列需 3~4min，扩增 10kb 需延伸至 15min。延伸时间过长易导致非特异性扩增带的出现。对低浓度模板的扩增，延伸时间要稍长些。

2. 循环次数　循环次数决定 PCR 扩增程度。PCR 循环次数主要取决于模板 DNA 的浓度，一般选在 25~45 次，循环次数越多，非特异性产物的量亦随之增多。

第4节　PCR 技术的扩展

PCR 技术自建立以来，发展迅猛，应用广泛，表现出强大的生命力。近些年来，基于 PCR 的基本原理，许多学者充分发挥创造性思维，对 PCR 技术进行研究和改进，使 PCR 技术得到了进一步完善，并在此基础上衍生出许多新用途，也使 PCR 技术得以应用扩展到分子生物学的各个方面。较常用的 PCR 新技术有多重 PCR（multiplex PCR），巢式 PCR（nested PCR），反向 PCR（inverse PCR，I-PCR），重组 PCR（recombinant PCR），不对称 PCR（asymmetric PCR）锚定 PCR（anchored PCR），彩色 PCR（color complementation assay PCR，CCA-PCR），原位 PCR（in-situ PCR，IS-PCR），反转录 PCR（reverse transcription PCR，RT-PCR），定量 PCR（quantitive PCR），免疫 PCR（immuno-PCR），单链构象多态性-PCR（single-strand conformation polymorphism PCR，SSCP-PCR）等。

一、多　重　PCR

一般 PCR 仅用一对引物扩增一个核酸片段，多重 PCR（multiplex PCR）又称多重引物 PCR 或复合 PCR，是在同一 PCR 反应体系中加上两对以上引物，同时扩增出多个核酸片段的 PCR 反应。主要用于：①多种病原微生物的同时检测或鉴定：在同一 PCR 反应管中同时加上多种病原微生物的特异性引物，检出多种病原体或鉴定出是那一型病原体感染，如区分各型肝炎病毒，检测肠道致病菌，诊断性病等；②病原微生物、某些遗传病及癌基因的分型鉴定：某些病原微生物、遗传病或癌基因，型别较多，突变或缺失存在多个好发部位，利用多重 PCR 可提高其检出率并同时鉴定其型别及突变等，系统应用的有乙型肝炎病毒、单纯疱疹病毒、杜氏肌营养不良症等的分型,癌基因的检测等。多重 PCR 具高效性、系统性、经济简便,可为临床提供更多,更准确的诊断信息。

二、巢 式 PCR

巢式 PCR(nested PCR)由两对引物经两组循环完成 PCR 扩增。先用第一对引物(外引物)扩增出一条较长的产物,第二对引物(内引物)以此为模板,经二次循环得到目的产物。这种方法较一次 PCR 更加敏感,主要用于极少量的模板的扩增。巢式 PCR 的使用降低了扩增多个靶位点的可能性,因为同两套引物都互补的靶序列很少,从而提高了特异性和灵敏度。

三、反 向 PCR

常规 PCR 扩增的是已知序列的两引物之间 DNA 片段,反向 PCR(inverse PCR,I-PCR)则是对一个已知 DNA 片段两侧的未知序列进行扩增的技术,是用反向的互补引物来扩增两引物以外的未知序列片段。反向 PCR 中,先将含有一段已知序列的感兴趣的未知 DNA 片段进行酶切和环化,然后直接进行 PCR,它主要用于对未知序列进行分析研究。

四、重 组 PCR

使两个不相邻的 DNA 片段重组在一起的 PCR 称为重组 PCR(recombinant PCR)。其基本原理是将突变碱基,插入或缺失片段,或一种物质的几个基因片段均设计在引物中,先分段对模板扩增,除去多余的引物后,将产物混合,再用一对引物对其进行 PCR 扩增,其产物将是一重新组合的 DNA。重组 PCR 主要用于位点专一碱基置换、DNA 片段的插入或缺失、DNA 片段的连接(如基因工程抗体)等。

五、不对称 PCR

不对称 PCR(asymmetric PCR)是用不等量的一对引物扩增出大量的单链 DNA(ssDNA)的技术,得到的单链 DNA 可进行序列测定,以便了解目的基因的序列,也可制备用于核酸杂交的探针等。不对称的这对引物分别称为非限制引物与限制性引物,其比例一般为(50~100):1。在最初 10~15 个循环中,扩增产物主要是双链 DNA,但当限制性引物(低浓度引物)耗尽后,非限制性引物(高浓度引物)引导的 PCR 就会产生大量的单链 DNA。不对称 PCR 的关键是控制限制性引物的绝对量,需多次摸索优化两条引物的比例。还可先用等浓度的引物进行 PCR 扩增,制备双链 DNA(dsDNA),然后以此 dsDNA 为模板,再以其中一条引物进行第二次 PCR,制备 ssDNA。

六、锚 定 PCR

锚定 PCR(anchored PCR)是在未知序列末端添加同聚物尾序,将互补的引物连接于一段带限制性内切酶位点的锚上,在锚定引物和基因另一侧特异性引物的作用下,将未知序列扩增出来。可用于未知 cDNA 的制备及低丰度 cDNA 文库的构建,能帮助克服序列未知或序列未全知带来的障碍。

七、彩 色 PCR

彩色 PCR(color complementation assay PCR,CCA-PCR)是一种标记 PCR,利用不同颜色

的荧光染料标记引物的 5′端,使扩增后的靶基因序列分别带有染料,通过电泳或离心沉淀,肉眼就可根据不同荧光的颜色判定靶序列是否存在及其扩增状况。主要用来检测基因的突变、染色体重排或转位、基因缺失及微生物的型别鉴定等。

八、原 位 PCR

原位 PCR(in-situ PCR,IS-PCR)就是在组织细胞里进行 PCR 反应,它结合了具有细胞定位能力的原位杂交和高度特异敏感的 PCR 技术的优点,是细胞学与临床诊断领域里的一项有较大潜力的新技术。将固定于载玻片的组织或细胞经蛋白酶 K 的消化后,在不破坏细胞形态的情况下,直接进行 PCR 反应。随着多种原位 PCR 扩增仪的问世,原位 PCR 已成为扩增固定细胞和石蜡包埋组织中特定 DNA 和 RNA 序列的有用工具,能测到低于 2 个拷贝的胞内特定 DNA 序列,甚至可检测出单一细胞中仅含一个拷贝的原病毒 DNA;它有助于细胞内特定核酸的定位与形态学变化的结合分析;它可用于正常或恶性细胞,感染或非感染细胞的鉴定与区别。原位 PCR 既能分辨带有靶序列的细胞,又能标出靶序列在细胞内的位置,于分子和细胞水平上研究疾病的发病机制和临床过程有重大实用价值。

九、反 转 录 PCR

由于 DNA 聚合酶只能以 DNA 为模板,当待扩增模板为 RNA 时,需先将其反转录为 cDNA 才能进行 PCR 扩增,这种 PCR 技术称为反转录 PCR(reverse transcription PCR,RT-PCR),即在 PCR 前增加了一步从 RNA 到 cDNA 的反转录过程,待反转录完成后,再开始 PCR 扩增。主要用于 RNA 病毒的检测和基因表达水平的测定,在分子生物学和临床检验等领域均有广泛应用。

十、定 量 PCR

定量 PCR(quantitive PCR)是在普通定性 PCR 的过程中,通过加入参照物等方法对 PCR 产物定量,从而得知初始模板量,已应用的有竞争定量 PCR、荧光实时定量 PCR 等。定量 PCR 技术有广义和狭义概念。广义概念的定量 PCR 技术是指以外参或内参为标准,通过对 PCR 终产物的分析或 PCR 过程的监测,进行 PCR 起始模板量的定量。狭义概念的定量 PCR 技术(严格意义上的)是指用外标法(荧光杂交探针保证特异性)监测 PCR 全过程达到精确定量起始模板数的目的,同时以内对照有效排除假阴性结果。从理论上说,只要有一个拷贝数,样本就算阳性;一个拷贝数都没有才是阴性。

十一、免 疫 PCR

免疫 PCR(immuno-PCR)原理是利用亲和素和生物素的特异性结合,以生物素和亲和素分别标记已知任意 DNA 和待测抗原相应的单克隆抗体,使两者形成单抗/DNA 嵌合体,再与固相化的待测抗原结合后,用标记引物扩增已知 DNA,通过检测扩增产物达到检测抗原的目的。由于 PCR 的高度放大作用,使检测灵敏度比 ELISA 法高 10 万倍,是目前最敏感的抗原检测方法。免疫 PCR 利用抗原-抗体反应的特异性和 PCR 扩增反应的极高灵敏性来检测抗原,特异性极强,尤其适于极微量抗原的检测。

十二、SSCP-PCR

日本学者 Orita 等研究发现,单链 DNA 片段具复杂的空间折叠构象,主要是由其内部碱基配对等分子内相互作用力来维持的,当仅有一个碱基发生改变时,也会或多或少影响其空间构象,使构象发生改变,构象有差异的单链 DNA 分子在聚丙烯酰胺凝胶中受排阻大小不同。因此,通过非变性电泳,可将构象上有差异的分子分离开,这称为单链构象多态性分析,将 SSCP 用于检查 PCR 扩增产物的基因突变,就建立了 SSCP-PCR 技术(single-strand conformation polymorphism-PCR,SSCP-PCR)。该方法简便、快速、灵敏,进一步提高了检测突变方法的简便性和灵敏性,主要用于检测基因点突变和短序列的缺失和插入,大量用于肿瘤相关基因的突变检测,如星形细胞瘤、脑瘤、肠癌等肿瘤中的 p53 基因的突变、肺癌的 ras 基因突变检测等,还用于检测引起人类遗传性疾病的研究上,如在囊性纤维化中起作用的 CFTR 基因、家族性结肠息肉基因的研究中。此外,对病毒的分型、监测 PCR 实验中的污染情况以及病原体传播途径也很有效。但该法只能作为一种突变检测方法,要最后确定突变的位置和类型,还需进一步测序。

PCR 发展至今,新技术层出不穷,除上述几种外还有许多新扩展。在具体实验中,可针对不同目的和不同微生物选择不同的方法,如检测体液和液相标本中的微生物时,可选择巢式 PCR、多重 PCR 等,细胞和组织内病毒检测应用原位 PCR,评价抗微生物效果用定量 PCR 等。

第 5 节　PCR 中应注意的问题

一、常见问题及解决方案

1. 假阳性　出现的 PCR 扩增条带与目的靶序列条带一致,有时其条带更整齐,亮度更高。产生原因是:①引物设计不合适:选择的扩增序列与非目的扩增序列有同源性,因而在进行 PCR 扩增时,扩增出的 PCR 产物为非目的性序列;②靶序列太短或引物太短;③靶序列或扩增产物的交叉污染。解决方法有:操作轻柔,防止靶序列吸入加样枪内或溅出离心管外造成污染;除酶及不能耐高温的物质外,所有试剂或器材高压消毒;离心管及加样枪头等应一次性使用。必要时,可在加标本前,反应管和试剂用紫外线照射,以破坏存在的核酸。

2. 出现非特异性扩增带　PCR 扩增后出现的条带与预计的大小不一致,或大或小,或同时出现特异性扩增带与非特异性扩增带。出现非特异性条带的原因是:①引物与靶序列不完全互补或形成引物二聚体;②Mg^{2+} 离子浓度过高,退火温度过低及 PCR 循环次数过多;③与酶的质和量相关,有些来源的酶易出现非特异条带,酶量过多也会出现非特异性扩增。解决对策有:减低酶量或调换另一来源的酶;降低引物量;适当增加模板量;减少循环次数;适当提高退火温度或采用二温度点法。必要时重新设计引物。

3. 出现片状拖带或涂抹带　原因往往由于酶量过多或酶的质量差,dNTP 浓度过高,Mg^{2+} 浓度过高,退火温度过低,循环次数过多引起。解决方法是:减少酶量或调换酶;减少 dNTP 的浓度;适当降低 Mg^{2+} 浓度;增加模板量;减少循环次数。

4. 假阴性　不出现特异扩增带,可能原因是:引物设计不合理,酶失活或酶量不足,模板量太少,退火温度不适,循环次数过少,产物未及时电泳检测等。解决方法是:重新设计引物;增加酶量或调换酶;增加模板量;调整退火温度;增加循环次数;及时检测扩增产物,一般应在 48h 以内进行。

二、PCR 过程中的污染

PCR 反应的最大特点是具有较大扩增能力与极高的灵敏性,但极微量污染也会造成非特异性扩增(假阳性)。操作中应严防标本、试剂、器材、环境和操作造成的交叉污染,不同阶段应分区进行。

(一) 污染原因

1. 交叉污染　主要有收集标本的容器污染或标本放置时密封不严,溢于容器外,或容器外粘有标本而造成相互间交叉污染;标本核酸模板在提取过程中,由于加样枪污染导致标本间污染;有些微生物标本尤其是病毒可随气溶胶或形成气溶胶而扩散,导致彼此间的污染。

2. 实验材料污染　如重组克隆的 DNA 污染。克隆质粒在单位容积内含量相当高,且在纯化过程中需用较多的用具及试剂;在活细胞内的质粒,由于活细胞的生长繁殖的简便性及具有很强的生命力,其污染可能性也很大。

3. 扩增产物污染　这是最主要最常见的污染问题。因为 PCR 产物拷贝量大,远远高于 PCR 检测数个拷贝的极限,所以极微量的 PCR 产物污染,就可造成假阳性。

4. PCR 试剂的污染　主要是 PCR 试剂配制过程中,由于加样枪、容器、双蒸水及其他溶液被 PCR 核酸模板污染。

5. 气溶胶污染　空气与液体面摩擦时就可形成气溶胶,在操作时比较剧烈地摇动反应管,开盖时、吸样时及污染吸样枪的反复吸样都可形成气溶胶而污染。

(二) 污染的监测

要时刻注意污染的监测,考虑是什么原因造成的污染,以便采取措施,防止和消除污染。

1. 防止污染的方法

(1) 合理分隔实验室:处理样品、配制 PCR 反应液、扩增 PCR 及鉴定 PCR 产物等步骤分区或分室进行,特别注意样本处理及 PCR 产物的鉴定必须与其他步骤严格分开。合理划分标本处理区、PCR 反应液制备区、PCR 循环扩增区、PCR 产物鉴定区。实验用品及加样枪应专用,实验前应将实验室用紫外线消毒以破坏残留的 DNA 或 RNA。

(2) 加样枪:由于操作时不慎将样品或模板核酸吸入枪内或粘上枪头是一个严重的污染源,因而加样或吸取模板核酸时要十分小心,吸样要慢,尽量一次完成,忌多次抽吸,以免交叉污染或产生气溶胶污染。

(3) 预混合分装 PCR 试剂:所有的 PCR 试剂都应小量分装,如有可能,PCR 反应液应预先配制好,然后小量分装,−20℃保存。这样可减少重复加样次数,避免污染机会。另外,PCR 试剂、PCR 反应液应与样品及 PCR 产物分开保存,不应放于同一冰盒或同一冰箱。

(4) 防止操作人员污染,手套、吸头、小离心管应一次性使用。

(5) 设立适当的阳性对照和阴性对照,阳性对照以能出现扩增条带的最低量模板核酸为宜,并注意交叉污染的可能性,每次反应都应有一管不加模板的试剂对照及相应不含有被扩增核酸的样品作阴性对照。

(6) 减少 PCR 循环次数,只要 PCR 产物达到检测水平就适可而止。

(7) 选择质量好的 Eppendorf 管,以避免样本外溢及外来核酸的进入,打开离心管前应先离心,将管壁及管盖上的液体甩至管底部。开管动作要轻,以防管内液体溅出。

2. 对照试验　对照对 PCR 过程至关重要。

(1) 阳性对照:PCR 反应实验室应设有 PCR 阳性对照,它是 PCR 反应是否成功、产物条带位置及大小是否合乎理论要求的一个重要的参考标志。阳性对照要选择扩增度中等、重复性好，经各种鉴定是该产物的标本，如以重组质粒为阳性对照，其含量宜低不宜高(100个拷贝以下)，阳性对照用重组质粒及高浓度阳性标本时对检测或扩增样品污染的可能性很大，应特别小心。

(2)阴性对照：每次 PCR 实验必做阴性对照。它包括：①标本对照：以相应的正常血清、组织细胞等作对照。②试剂对照：在 PCR 反应管中不加模板进行 PCR 扩增，以监测试剂是否污染。

(3)重复性试验：设置重复管或进行重复实验以防污染。

(4)选择不同区域的引物进行 PCR 扩增。

第6节　PCR 在医学中的应用

一、感染性疾病

PCR 在医学检验学中最有价值的应用领域就是对感染性疾病的诊断。只要有限的核酸序列是清楚的，运用 PCR 技术，就可以检测出任何病原体。

二、肿　瘤

遗传学改变主要引起癌基因激活和抗癌基因的失活，基因突变、缺失、插入、扩增、易位等常见遗传学改变在细胞癌变的过程中均可见到。PCR 技术是检测这些遗传学改变最简便有效的手段。癌基因的表达增加和突变，在许多肿瘤早期和良性阶段就可出现。PCR 技术不但能有效地检测基因的突变，而且能准确检测癌基因表达量，可据此进行肿瘤早期诊断、分型、分期和预后判断。

三、遗传性疾病

从应用范围看，PCR 能用于检测已知基因序列的任何遗传病基因的突变、缺失及表达量的异常；从灵敏度方面看，它能从单细胞进行特异基因扩增，实现植入前基因诊断。

四、HLA 分 型

主要方法有 PCR-序列特异引物分型法和 PCR-SSO 探针法。

思 考 题

1. PCR 技术与生物体内天然 DNA 复制有哪些异同？
2. PCR 引物设计遵循哪些原则？
3. 何谓巢式 PCR、反转录 PCR、不对称 PCR、多重 PCR、单链构象多态性-PCR？请简述。
4. 采取哪些措施可防止和避免 PCR 中出现的污染？

（钱　晖）

第2篇 各　　论

第7章　蛋白质与氨基酸

实验1　蛋白质含量的测定

Ⅰ. 双缩脲法(血清总蛋白、白蛋白及球蛋白的测定)

(一) 目的与要求

了解测定血清蛋白质的原理,掌握测定血清蛋白质的临床意义。

(二) 实验原理

蛋白质中的肽键结构与碱性酒石酸钾钠、硫酸铜溶液(双缩脲试剂)作用,产生紫色反应。

(三) 操作

用刻度吸管,准确吸取血清 0.2ml 及 0.001mol/L $ZnSO_4$ 溶液 3.8ml 于一干净的小试管中,充分混匀。以下操作步骤见表 7-1。

表 7-1　双缩脲法操作步骤

	总蛋白管	白蛋白管	标准管	空白管
吸取混合液(ml)	1.0	—	—	—
	余下 3ml 静置 10min,离心沉淀 5min(2500r/min)			
吸取上清液(ml)	—	1.0	—	—
标准血清(ml)	—	—	0.05	—
$ZnSO_4$(0.001mol/L)(ml)	—	—	0.95	1.0
	混　匀			
双缩脲试剂(ml)	4.0	4.0	4.0	4.0
	混匀,静置 30min,用 500 滤光板比色			

(四) 计算

将已知标准血清每升所含蛋白质的克数(S),代入下式即可算出各蛋白质含量。

$$血清总蛋白(g/L) = \frac{血清总蛋白测定管光密度}{标准血清管光密度} \times S$$

$$白蛋白(g/L) = \frac{血清白蛋白测定管光密度}{标准血清管光密度} \times S$$

球蛋白(g/L) = 血清总蛋白含量 – 白蛋白含量

$$\frac{白蛋白(A)}{球蛋白(G)} = A/G \text{ 比值}$$

正常值:总蛋白 60~80g/L,白蛋白 40~50g/L,球蛋白 20~30g/L,A/G 比值 = 1.5~2.5

(五) 应用意义

(1) 白蛋白减低主要见于:①蛋白质摄入不足,如营养不良、长期饥饿、消化及吸收功能不良等慢性胃肠道疾病。②白蛋白合成功能不全,如慢性肝病、慢性感染及恶性贫血。③蛋白质消耗过多,如糖尿病、甲状腺功能亢进、高热、感染、外伤等。④白蛋白丢失过多,如肾病综合征等。

(2) 白蛋白增加主要由于血浆浓缩,结果使血内白蛋白相对增加,可见于严重腹泻、呕吐所造成的脱水、休克等。

(3) 球蛋白增高常见于肝硬化、黑热病、疟疾、血吸虫病、风湿热、多发性骨髓瘤、亚急性细菌性心内膜炎等。

(4) 白蛋白降低、球蛋白增高时引起白蛋白与球蛋白比值<1,称白球蛋白倒置。

(六) 注意事项

所用血清样品要新鲜,避免溶血,标准血清的配制也需用特殊的盐溶液稀释。

(七) 试剂与器材

(1) 0.001mol/L ZnSO$_4$(16mg/dl)溶液。

(2) 双缩脲试剂:用适量蒸馏水分别溶解硫酸铜 1.5g 及酒石酸钾钠 6g。如浑浊,可过滤。移入 1L 容量瓶中,混匀。加 2.5mol/L NaOH(10%)300ml 后,再加蒸馏水配成 1L。这试剂可久藏不坏,但如发生暗红色沉淀,即可不用。

(3) 贮存标准血清:用单份或混合血清(无黄疸、无溶血),用定氮法测定含氮量,算出总蛋白含量。用 2.57mol/L NaCl(15%)溶液稀释此血清(3 份+1 份)配成 1:4 的贮存标准血清,置于冰箱内,可保存 1 个月。

(4) 器材:试管、刻度吸管、离心机、光电比色计。

思 考 题

1. 白/球蛋白比例的正常范围。
2. 双缩脲法测定蛋白的临床意义。

Ⅱ. Folin-酚试剂法测定蛋白质含量(Lowry 基本法)

(一) 目的与要求

Folin-酚试剂法测定蛋白质含量的原理和方法。

（二）实验原理

Folin-酚试剂（Folin-phenol reagent）的显色原理主要是：试剂中的磷钼酸-磷钨酸混合物被蛋白质还原，形成多种还原型的混合酸，并且有特殊的蓝色。包括两步反应。

（1）试剂甲使蛋白质发生烯醇化反应，在碱性条件下，形成蛋白质-铜络合物，从而使电子转移到混合酸中，大大地增强了酚试剂对蛋白质的敏感性。

（2）试剂乙（磷钼酸-磷钨酸混合液）受蛋白质中半胱氨酸、酪氨酸、色氨酸和组氨酸等作用，使钨酸、钼酸两者同时失去 1 个、2 个或 3 个氧原子，还原成含有多种还原型的混合酸，并且有特殊的蓝色。

$$3H_2OP_2O_5 \cdot 13WO_3 \cdot 5MoO_3 \cdot 10H_2O$$
$$3H_2OP_2O_5 \cdot 14WO_3 \cdot 4MoO_3 \cdot 10H_2O$$
$$\downarrow 蛋白质$$
$$3H_2OP_2O_5 \cdot 13WO_2 \cdot 5MoO_3 \cdot 10H_2O$$
$$3H_2OP_2O_5 \cdot 14WO_2 \cdot 4MoO_3 \cdot 10H_2O$$

利用蓝色深浅与蛋白质浓度的关系，可制备标准曲线，测定样品中蛋白质含量。本法可测定的蛋白质含量为 $15\sim280\mu g/ml$。

N 原子和 O 原子皆可与 Cu^{2+} 络合（络合后，易于肽释放 e，使酚试剂还原）。

（三）操作步骤

1. 标准曲线制作

（1）取试管 6 支，编号。按表 7-2 操作，加入牛血清白蛋白标准溶液（200μg/ml），补足蒸馏水，使各管容量达 0.5ml。算出各管中实际蛋白质含量，然后按顺序加入定量试剂甲、乙（各管加入乙试剂必须快速，并立即摇匀），在分光光度计以上波长 500nm 比色，读取光密度。

表 7-2　Folin-酚试剂法标准曲线制作步骤

管号	蛋白含量 （μg/ml）	牛血清白蛋白标准溶液 （ml）	蒸馏水 （ml）		OD_{500}
1		0.1	0.4	各管加试剂甲 2.5ml，混匀放置 10min 后，加入试剂乙 0.25ml，立即混匀，放置 30min	
2		0.2	0.3		
3		0.3	0.2		
4		0.4	0.1		
5		0.5	0		
6		0	0.5		

（2）以各标准溶液浓度为横坐标，各管的光密度为纵坐标作图，得标准曲线。

标准曲线必须从零点开始出发，最好能成一直线。画好后，注明所用仪器的型号及编号、所用波长及测定方法、名称及制作日期。

2. 样品测定　取试管 2 支，分为测定管和空白管。测定管内加入 0.5ml 待测样品溶液（适当稀释至约 25~280μg/ml 蛋白质）。操作步骤与制作标准曲线相同，见表 7-3。

表 7-3　Folin-酚试剂法样品测定操作步骤

	待测液 （ml）	蒸馏水 （ml）	标准 （ml）		OD_{500}	蛋白质含量（μg/ml）
空白管	0	0.5	0.0	各管加试剂甲 2.5ml，混匀放置 10min 后，加入试剂乙 0.25ml，立即混匀，放置 30min 后比色。		
测定管	0.5	0	0			
标准管			0.5			

（四）结果与计算

根据光密度读数查得标准曲线，计算检测液内的蛋白质含量。进一步可根据检测溶液的稀释倍数及实际所要求的蛋白质浓度换算。本实验要求蛋白质含量浓度以 g/L 为单位，也可以与测定管同样操作的标准管按下式计算蛋白质含量。

$$测定管蛋白质量 = \frac{测定管光密度数}{标准管光密度数} \times 标准管蛋白质量$$

（五）应用意义

Folin-酚试剂法测定蛋白质弥补了双缩脲法灵敏度差、测量范围窄等缺点，因而被广泛采用,特别是测定微量蛋白,准确性比其他方法相对高一点。

（六）注意事项

选择一定的样品稀释浓度,以保证测定结果在标准曲线范围内。

（七）试剂与器材

1. 试剂甲

（1）10g Na_2CO_3、2gNaOH 和 0.25g 酒石酸钾钠溶于 500ml 蒸馏水。

（2）0.5g $CuSO_4 \cdot 5H_2O$ 溶于 100ml 蒸馏水中。

每次使用前将（1）：（2）= 50：1 之比例混合,即为试剂甲(有效期 1 天)。

2. 试剂乙 以 100g $Na_2WO_4 \cdot 2H_2O$、25g$NaMoO_4 \cdot 2H_2O$,溶于 700ml 蒸馏水中,并加入 8.67mol/L H_3PO_4(85%)50ml、浓 HCl 100ml,混合在 1.5L 容积的磨口回流瓶中,接上回流冷凝管与小火回流 10h。回流结束后,加入 150g $Li_2SO_4 \cdot H_2O$、50ml 蒸馏水,并随之加入一定量的液体溴,开口继续沸腾,使溶液由绿色变黄色(与回流开始前溶液颜色相似)。过量的溴可煮沸去除。冷却后,稀释至 1L,过滤,滤液置于棕色试剂瓶中保存。使用时用标准 NaOH 滴定,以酚酞为指示剂,然后适当稀释(约加水 1 倍),使最终的酸浓度为 1mol/L。

3. 标准蛋白质溶液 精密称取结晶牛血清白蛋白,将其溶于 0.1mol/L NaOH 中,使蛋白质含量为 200μg/ml。

思 考 题

1. Folin-酚试剂法测定蛋白质的原理及范围。
2. 试比较各种测定蛋白质方法的特点。

（徐 岚）

实验 2 凝胶层析法分离血红蛋白和 DNP-鱼精蛋白
（或 DNP-酪蛋白）

（一）目的与要求

掌握凝胶层析分离蛋白质的基本原理,了解柱层析的操作方法。

（二）实验原理

凝胶层析(gel chromatography)是选用一些多孔的、大小一定的凝胶为介质,将样品中分子大小和形状不一的物质(如蛋白质、酶、核酸等)"筛"出来的一种分离方法,故又称为分子筛层析(molecular sieve chromatography)。

凝胶颗粒是非离子型的、不带电荷的物质,具有海绵状、孔隙大小比较一致的网状结构。将此介质用适当溶剂平衡后装上层析柱构成层析床,当含有不同大小分子的样品混合物加在此凝胶床表面时,样品随溶液而下行,这时分子直径小于凝胶孔隙的可进入胶粒内部的网络结构,分子直径大于凝胶孔隙的则不能进入而沿凝胶颗粒间隙孔随溶剂向下移动。因此,分子量大的物质在流动过程中遇到的阻力小,流程短,流速快,故先流出层析床;而小分子量物质遇到的阻力大,流程长,流速慢,故较迟流出层析床。最后样品混合物中各种分子按分子大小的顺序先后被洗脱下来,从而达到分离的目的(见图7-1)。

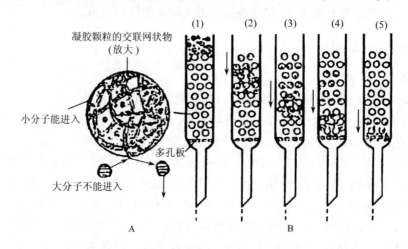

图 7-1　混合蛋白质溶液的凝胶过滤示意图

A. 小分子由于扩散作用进入凝胶颗粒内部而被滞留;大分子被排阻在凝胶颗粒外面,在颗粒之间迅速通过。B. (1)蛋白质混合物上柱;(2)洗脱开始,小分子扩散进入凝胶颗粒内,大分子则被排阻于颗粒之外;(3)小分子被滞留,大分子向下移动,大小分子开始分开;(4)大小分子完全分开;(5)大分子流程较短,已洗脱出层析柱,小分子尚在流动中

本实验使用交联葡聚糖凝胶(Sephadex G-50)将血红蛋白(红色,分子量 64 500 Da 左右)与二硝基氟苯-鱼精蛋白(DNP-鱼精蛋白,鱼精蛋白分子量 2000~12 000 Da,与二硝基氟苯结合为黄色)分开,以蒸馏水为洗脱剂。由于它们的颜色不同,可以观察到血红蛋白洗脱较快,鱼精蛋白洗脱较慢。亦可以用二硝基氟苯-酪蛋白代替 DNP-鱼精蛋白(DNP-酪蛋白,酪蛋白分子量 3896~10 000 Da,与二硝基氟苯结合为黄色)。

(三) 操作步骤

1. 凝胶制备　称取 Sephadex G-50 1g,置于锥形瓶中,加蒸馏水 30 ml,于沸水中煮沸 1h(此为加热法溶胀,如在室温下溶胀,需放置 3h),取出,待冷却至室温后再进行装柱。

2. 装柱　取直径为 0.8~1.5cm,长度为 17~20cm,底部有砂芯的层析柱,垂直置于铁架台上。柱内先加入少量蒸馏水,并残留部分水于层析玻管中(以排除砂芯下端及细玻管内的空气),关闭玻管的出口,自顶部加入搅拌均匀的 Sephadex G-50 悬液,待底部凝胶沉积 1~2cm时,再打开出口,调节流速 10 滴/min,凝胶随柱内溶液慢慢流下而均匀沉降,不断补入 Sephedax G-50 悬液至凝胶床高约 15cm 止,床面上保持有少许蒸馏水。如凝胶表面不平时,可用玻棒轻轻搅动,让凝胶自然沉降,使表面平整,关闭出口。

3. 加样　样品制备见试剂 4。加样时先将出口打开,使床表面蒸馏水流出,直到床面正好露出,关闭出口,小心地把样品用滴管(约 0.3ml)沿层析柱内壁缓缓加于床表面,使成一薄层,切勿搅动床柱表面。打开出口使加入样品进入床内,直到床面重新露出,用上法加 1~2 倍于样品体积的蒸馏水洗凝胶表面 2 次,在尽量防止样品稀释太大的同时,使样品完全进入凝胶柱内,当蒸馏水降至床面时,立即小心加入蒸馏水使其充满层析柱上面的空间,进行洗脱。

4. 洗脱收集 反复加入蒸馏水洗脱,调节液体流出的速度,使其保持在 10 滴/min 左右。洗脱时可观察到黄、红两条色带逐渐分开,当红色带到达玻管下端时,收集流出液于刻度离心管中,直至红色液全部洗出为止,待测。更换一小试管收集黄色的洗脱液,直至黄色液全部洗出为止,此液可回收重新使用。

(四)结果与计算

取一试管吸取血红蛋白液 0.1ml,加蒸馏水 5ml 作为标准管(上柱前工作液),如收集的血红蛋白液不足 5ml,可加蒸馏水 5ml(上柱洗脱液)。以蒸馏水为对照,将标准管及收集管在 722 型分光光度计 540nm 波长处测定光密度,按下列公式计算血红蛋白的回收率。

$$血红蛋白回收率(\%) = \frac{上柱洗脱液光密度}{上柱前工作液光密度} \times 100\%$$

(五)注意事项

(1)加入凝胶时速度应均匀,并使凝胶均匀下沉,以免层析床分层,防止柱内产生气泡。

(2)操作过程中应防止凝胶床表面露出液面,并防止凝胶内出现"纹路"。

(3)样品洗脱完毕,凝胶还可再次使用,将凝胶多次洗脱后加 0.02% 叠氮钠防腐,4℃ 冰箱保存(也可抽滤烘干)。

(六)试剂与器材

1. 试剂

(1)血红蛋白液的制备:取抗凝血 5ml,2500r/min 离心 5min,去血浆,用 2~3 倍血细胞量的生理盐水洗涤血细胞,重复 3 次,每次要把血细胞搅起,3500r/min 离心 5min,尽量吸去上清液,加 2 倍蒸馏水混匀,放冰箱过夜,使沉淀的血细胞充分溶血,备用。

(2)DNP-鱼精蛋白的制备:称取鱼精蛋白 0.15g,溶于 1.2 mol/L NaHCO₃ 溶液 1.5ml 中(此时该蛋白质溶液 pH 应在 8.5~9.0 左右)。另取二硝基氟苯 0.15g,溶于微热的 95% 乙醇溶液 3ml 中,待其充分溶解后,立即倾入上述蛋白质溶液。将此管置于沸水浴中,煮沸 5min,冷却后加 2 倍体积的 95% 乙醇溶液,可见黄色 DNP-鱼精蛋白沉淀。离心 5min,沉淀用 95% 乙醇溶液洗 2 次,所得沉淀用蒸馏水 1ml 溶解,即为 DNP-鱼精蛋白溶液,备用。

(3)DNP-酪蛋白的制备:方法同 DNP-鱼精蛋白。

(4)样品的制备:取血红蛋白稀释液 0.1 ml,加 DNP-鱼精蛋白(DNP-酪蛋白)0.3 ml,充分混匀,离心,取上清即为样品溶液。

2. 器材 层析柱、滴管、铁架台、吸管、离心机、试管、刻度离心管、722 型分光光度计。

思 考 题

1. 什么是凝胶层析?

2. 本实验的操作步骤主要有哪些?

3. 在进行凝胶层析时,为何小分子物质遇到阻力大,流程长,流速慢?

(赵 燕 乔 正)

实验3　酪蛋白等电点的测定

（一）目的与要求

通过实验进一步了解蛋白质的理化性质,熟悉操作方法,分析和判断实验结果。

（二）实验原理

蛋白质分子在等电点时所带的正负电荷相等,此时溶解度最小,容易聚沉。使酪蛋白处于不同的 pH 溶液中,观察各管的沉淀情况,测定酪蛋白的等电点。

（三）操作步骤

（1）取试管 5 支,编号,按表7-4 加入试剂。

表 7-4　酪蛋白等电点测定试剂加入方法

试剂（ml）	1	2	3	4	5
蒸馏水	3.4	3.7	3.0	—	2.4
0.01mol/L 乙酸	0.6	—	—	—	—
0.10mol/L 乙酸	—	0.3	1.0	4.0	—
1.00mol/L 乙酸	—	—	—	—	1.6
5g/L 酪蛋白-乙酸钠溶液	1.0	1.0	1.0	1.0	1.0

各管充分混匀,置试管架上静置 10~20min。

（2）观察各管溶液的混浊度或沉淀程度,以"+、++、+++"等符号表示并记录于表7-5中。

表 7-5　酪蛋白等电点测定结果观察记录

	1	2	3	4	5
相当的 pH	5.9	5.3	4.7	4.1	3.5
混浊沉淀程度					
酪蛋白带何电荷					

（3）估计出酪蛋白的等电点是在哪一 pH 范围。

（四）注意事项

（1）配制试剂及操作必须准确。
（2）加入酪蛋白-乙酸钠溶液时,须加一管摇匀一管。

（五）试剂与器材

1. 试剂

（1）1.00mol/L NaOH。
（2）1.00mol/L 乙酸溶液:取冰乙酸（比重 1.049）57.3ml,加蒸馏水定容至 1000ml。

（3）0.10mol/L 乙酸溶液：取 1.00mol/L 乙酸溶液 100ml 加蒸馏水定容至 1000ml。

（4）0.01mol/L 乙酸溶液：取 1.00mol/L 乙酸溶液 10ml 加蒸馏水定容至 1000ml。

（5）5g/L 酪蛋白-乙酸钠溶液：称取酪蛋白（干酪素）0.5g 于小烧杯中，加水 40ml，及 1.00mol/L NaOH 10ml，搅拌溶解后加入 1.00mol/L 乙酸溶液 10ml，移入 100ml 容量瓶中加蒸馏水定容至刻度，混匀，冰箱冷藏。

2. 器材　中试管，40 孔试管架，刻度吸管：5.0ml、2.0ml、1.0ml。

思　考　题

1. 简述蛋白质等电点的定义。人体体液中大多数蛋白质的等电点多是偏酸还是偏碱？
2. 简述测定酪蛋白等电点的原理。

（唐彦萍　涂应琴）

实验 4　氨基酸的薄层层析

（一）目的与要求

熟悉用层析技术分离不同物质的原理；掌握薄层层析的基本操作方法。

（二）实验原理

薄层层析（thin layer chromatography，TLC）是将吸附剂（或称固相支持物，如硅胶 G、硅藻土、氧化铝、氧化镁、纤维素粉等）均匀地铺在玻璃板上使其成薄层。将待分析的样品点加到薄层板的一端，然后把该端浸入适宜的展层剂（如苯酚-水、正丁醇-冰乙酸-水等）在密闭的层析缸中展层。由于各种氨基酸结构和性质的不同，其在吸附剂表面的吸附能力各异，吸附力大的易被吸附剂吸附，而较难被展层剂所解吸；吸附力小的则易被展层剂携带至较远的距离。这样，氨基酸在吸附剂和展层剂之间反复多次的被吸附与解吸附，使不同的氨基酸得以分离，并通过茚三酮反应显色作鉴别。

（三）操作步骤

1. 薄层板的制备

（1）调浆：称取硅胶 G 4g，加 0.2% 羧甲基纤维素钠液 10ml，置研钵中充分研磨成均匀稀糊状。

（2）涂布：取干燥洁净玻板 1 块置左手上，右手挑取 3 药勺硅胶 G 稀释液于玻板上均匀摊开，轻振玻板，使其均匀分布。

（3）干燥：将薄层板水平放置，室温下自然晾干。

（4）活化：晾干的薄层板置干燥箱内 60℃ 烘 30min，然后升温至 105℃ 活化 30min，切断电源后使（待）板面温度下降至不烫手时取出。

2. 点样　取内径约 0.5mm 管口平整的毛细玻管 3 支，分别吸取亮氨酸、甘氨酸及混合氨基酸液，在距薄层板底端 2.5cm 处、间距 1cm 宽的位置上轻触点样，用电吹风（冷风）待点样处干后在原点样处重复点加 1~2 次。

3. 展层　在层析缸中加入展层剂约 1.5cm 深,加盖平衡 30min。将薄层板点样端浸入展层剂中,加盖密闭展层。当展层剂前沿到达薄层板的 2/3 高度时,取出薄层板,在玻板背面划下展层剂前沿位置,用电吹风(热风)将薄层板吹干(最好对玻板背面吹)。

4. 显色　用喉头喷雾器向薄层板上均匀喷洒 0.5% 茚三酮丙酮溶液,热风吹干至各层析斑点显现(图 7-2)。

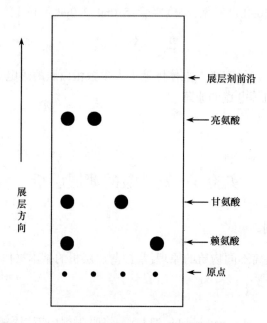

图 7-2　氨基酸薄层层析示意图

(四) 结果与计算

$$R_f\ 值 = \frac{原点到层析斑点中心的距离(cm)}{原点到展层剂前沿的距离(cm)}$$

(五) 注意事项

(1) 制备的薄层板应厚薄均匀,表面光滑无气泡。

(2) 点样各原点分布均匀,各点直径不超过 2mm。

(3) 薄层板置层析缸中时各点样原点切勿浸入展层剂中。

(六) 试剂与器材

1. 试剂

(1) 硅胶 G(200~260 目)。

(2) 0.2% 羧甲基纤维素钠:羧甲基纤维素钠 1g 溶于 100ml 蒸馏水中,在沸水浴中煮沸至无气泡,冷却后置冰箱储存,临用前稀释到 0.2%。

(3) 氨基酸溶液(配制时可置沸水浴中加热促溶):

1) 1% 甘氨酸液:甘氨酸 0.1g 溶于 10ml 蒸馏水中。

2）1% 赖氨酸液：赖氨酸 0.1g 溶于 10ml 蒸馏水中。

3）1% 亮氨酸液：亮氨酸 0.1g 溶于 10ml 蒸馏水中。

4）氨基酸混合液：将上述 3 种溶液按 1：1：1 比例取出适量混合。

（4）展层剂：苯酚和水按 4：1 混合（用前配制，苯酚发红则不用）。

（5）0.5% 茚三酮丙酮（或茚三酮乙醇）溶液。

2. 器材　玻璃板（150cm×5cm）、研钵、药勺、恒温干燥箱、层析缸、毛细玻管、喉头喷雾器、电吹风、记号笔、学生尺。

思　考　题

1. 层析系统由哪两相组成？
2. 薄层层析分离氨基酸的原理是什么？

（朱俐燕）

实验5　DNS-氨基酸聚酰胺薄膜双向层析

（一）目的与要求

了解聚酰胺薄膜的层析原理、荧光反应原理及分离氨基酸的方法。

（二）实验原理

聚酰胺含有的羟基与氨基可与被分离极性物质的极性基团如羟基、羧基、羰基等形成键，被分离物质形成氢键能力的强弱，决定了吸附力的差异。在层析过程中，展开溶剂与被分离物质在聚酰胺粒子表面竞争形成氢键，选择适当的展开溶剂，使被分离物质在溶剂与聚胺表面之间的分配系数有最大差异，经过吸附与解析的层析过程，形成一个分离顺序，不同的氨基酸分布在不同的位置而得到分离。

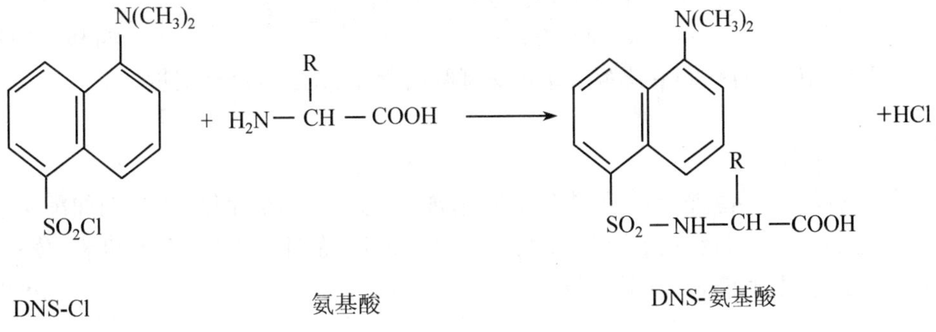

DNS-Cl　　　　　氨基酸　　　　　DNS-氨基酸

丹酰氯（DNS-Cl）在碱性条件下（pH9.5~10.5）能与一级、二级胺类、异吡唑类以及酚类反应，产生荧光。因此，使用 DNS-Cl，可以标记游离氨基酸、小肽、多肽和蛋白质 N-末端氨基酸分析，了解它们氨基酸的排列顺序以及胺类（神经胺、多胺）等物质。DNS-Cl 标记游离氨基酸比游离氨基酸与茚三酮反应敏感数 10 倍，比 2,4-二硝基氟苯、β-萘磺酰氯敏感 100 倍。

（三）操作步骤

1. 样品的制备

（1）样品：0.5ml 样品+50g/L 磺柳酸 2.5ml，混匀。静止 10min，3000r/min 离心 10min，吸取澄清滤液 1ml 于有塞试管中。

（2）调节 pH：先用 1mol/L NaOH 调节。取上述试管中 1ml 滤液调至 pH7.0 左右，然后用 0.24mol/L NaHCO$_3$ 调节溶液酸碱度至 pH9.5~10.5，因为 pH9.5~10.5 是 DNS-Cl 与氨基酸反应的最佳条件。

（3）DNS-Cl 化：最后加入 0.25ml DNS-Cl 丙酮溶液，混匀，于暗室放置 0.5h，暗室 37℃ 过夜，待混合液中黄色完全消失。

（4）调节 Ph：再用 0.2mol/L 乙酸，将混合液酸碱度调至 pH2~3，然后用乙酸乙酯 1~2ml 提取 DNS-氨基酸 1.5ml，连续 2~3 次。几次提取的醋苯乙酯溶液合并一起，置 50~60℃ 水浴锅蒸干，备用。

2. 点样　取一定量的丙酮，使蒸干物完全溶解，然后用平点微量注射器，在 7cm×7cm 的聚酰胺薄膜左下角，距左下边 1.0~1.5cm 处，进行点样。总量约 5~10μl 或更多，分多次点完并控制样点直径不超过 2mm，最后吹干。

3. 展开　第 1 次，使用Ⅰ组溶剂，方向↑，全程展开。第 2 次用Ⅱ组溶剂，方向→（与第 1 次方向垂直，全程展开，每次展开后，立即用强风吹干）。

（四）结果与计算

1. 定性　用 366nm 紫外层析灯，观察不同样品的氨基酸荧光层析图谱，并确定每个荧光斑点的相应氨基酸。

2. 定量　即采用荧光层析图谱法，测定每种氨基酸的含量，常用以下两种方法：

（1）荧光斑点洗脱法：要求荧光层析图谱上斑点集中，不产生拖尾现象，然后将斑点剪下，浸泡在重蒸甲醇洗脱剂中，洗脱 3~4h，最后用荧光分光光度计，检测洗脱剂中氨基酸的含量。计算公式为：

$$氨基酸含量(\mu mol/L) = \frac{样品中某种氨基酸荧光强度-空白}{相应标准氨基酸荧光强度-空白} \times 标准浓度(\mu mol/L) \times \frac{1}{实际样品用量(L)}$$

（2）荧光扫描仪直接测量薄膜上每种氨基酸的荧光强度，以进行定量。

（五）应用意义

聚酰胺薄膜上的聚酰胺是一种特殊的吸附剂，它能分离 16 种化合物，例如酚类、糖醌类、硝基化合物、氨基酸及其衍生物、核酸、核苷酸、碱基、杂环化合物、合成染料、磺胺抗生素、环酮、杀虫药、维生素 B 族、退热药等。

（六）注意事项

氨基酸标记了 DNS-Cl，成为 DNS-氨基酸即成为荧光物质。当荧光物质吸收了紫外的辐射能后，分子内部的某些电子被激发到了较高能级，当恢复原状时把能量以光能的形式发放出来形成荧光，荧光在外界照射停止后，也立即消失。如 10s 之后还能发出可见光者，不叫做荧光而称为磷光。

在荧光物质溶液的浓度较低时,若紫外线的强度保持不变,则物质所产生的荧光强度与该物质的浓度成正比,因此测知荧光的强度即可决定荧光物质的浓度。这种分析法称为荧光分析,所用的仪器称为荧光计(fluorimeter)。

荧光分光光度法是一种灵敏度高的分析方法。其灵敏度比普通分光光度法高 2~3 个数量级(100~1000 倍)。但影响荧光的因素较多,对各种测量条件要求比较严格。例如照射时间、温度、pH 和溶剂的纯度等都对荧光强度有影响,有时由于极少量的杂质存在就会使实验失败。DNS-Cl 能作为许多物质的荧光标记物。

(七) 试剂与器材

1. 试剂

(1) 样品。

(2) 标准氨基酸。

(3) DNS-Cl。

(4) 展层溶剂:Ⅰ组溶剂为苯:冰乙酸 = 9 : 1($V : V$);Ⅱ组溶剂为甲酸(85% ~ 90%):水 = 1.5 : 100($V : V$)。

(5) 其他试剂:50g/L 磺柳酸,1mol/L NaOH,0.24mol/L $NaHCO_3$,0.2mol/L 乙酸,乙酸乙酯,丙酮,重蒸甲醇等。

2. 器材　聚酰胺薄膜,366nm 紫外层析灯,层析缸,吹风器,荧光分光光度计,荧光扫描仪。

思 考 题

1. 简述聚酰胺薄膜双向层析分离游离氨基酸的原理及操作步骤。

2. 丹酰氯标记氨基酸有何优点?

(蒋菊香)

第8章 酶 学

实验6 影响酶活性的因素

（一）目的与要求

加深对酶的化学本质的认识；了解温度、pH、无机离子对酶催化活性的影响。

（二）实验原理

酶活性易受环境温度的影响。在最适温度时，酶促反应速度最快。高于或低于最适温度时，反应速度逐渐降低。温度过高可引起酶蛋白的变性，导致酶的失活。大多数动物酶的最适温度为37~40℃。

酶活性受环境 pH 的影响极为显著。通常各种酶只有在一定的 pH 范围内才表现它的活性。在最适 pH 时，酶活性最大，过酸、过碱都会使酶活性降低，甚至使酶蛋白变性而失活。不同酶的最适 pH 各不相同。

酶活性还受激活剂或抑制剂的影响：如氯离子为唾液淀粉酶的激活剂，铜离子为其抑制剂。

（三）操作步骤

1. 收集唾液

（1）取一小漏斗，放入一薄层棉花，少量水湿润后，将唾液吐入漏斗内，收集唾液于小试管中。用刻度吸管吸取 1.0ml 放入量筒内，加水稀释至 25ml，其中含唾液淀粉酶，此即为稀释唾液。

（2）取 2ml 制备的稀释唾液于小试管中煮沸后（煮透）备用（注意防止因沸腾时溅出）。

2. 酶活性检测 取小试管 8 支，贴好标签，按表8-1操作。

表 8-1 酶活性检测方法

试剂（ml）	管号							
	1	2	3	4	5	6	7	8
10g/L 淀粉液	1	1	1	1	1	1	1	1
0.15mol/L NaCl	1	1	1	1	1	—	—	—
0.06mol/L CuSO₄（滴）	—	—	—	—	—	5	—	—
0.07mol/L NaSO₄	—	—	—	—	—	—	1	—
蒸馏水	—	—	—	—	—	—	—	1
pH6.8 缓冲液	1	1	1	—	—	1	1	1
pH4.0 缓冲液	—	—	—	1	—	—	—	—

续表

试剂(ml)	管号							
	1	2	3	4	5	6	7	8
pH9.0 缓冲液	—	—	—	—	1	—	—	—
煮沸稀唾液	1	—	—	—	—	—	—	—
稀唾液(1∶50)	—	1	1	1	1	1	1	1
混匀后立即分别放入	37℃	冰水		37℃水浴				
10min 后取出加稀碘液(滴)	2	2	2	2	4*	2	2	2
现象								

*因碘在碱性溶液中可生成 NaI 和 NaIO,溶液易呈无色,故管5应多加数滴碘液

(四) 结果与计算

分析实验结果并作出结论。

(五) 应用意义

有助于对消化道疾病的辅助诊断。

(六) 注意事项

在实验中观察温度变化,吸淀粉液的吸管需伸入试管底部,唾液一定要煮沸,另第二管的冰水要预先准备好,确保在冰点条件下反应。

(七) 试剂与器材

1. 试剂　10g/L 淀粉液,0.15mol/L NaCl 液,0.06mol/L CuSO$_4$ 液,0.07mol/L Na$_2$SO$_4$ 液,pH6.8、0.2mol/L 磷酸盐缓冲液,pH9.0、0.2mol/L 硼酸、氯化钾和氢氧化钠缓冲液,pH4.0、0.2mol/L 乙酸盐缓冲液,稀碘液。

2. 器材　试管,量筒,小漏斗,脱脂棉,吸管,酒精灯。

思　考　题

1. 比较 1、2、3 管实验结果,并解释之。
2. 比较 3、4、5 管实验结果,并解释之。
3. 比较 3、6、7、8 管实验结果,并解释之。

(顾范博)

实验7　蔗糖酶的专一性

(一) 目的与要求

利用酵母蔗糖酶对 3 种不同底物(淀粉、蔗糖和棉籽糖)的作用来观察蔗糖酶的专一性,并根据实验结果来推断蔗糖酶能水解何种糖苷键。

（二）实验原理

酶对所结合的底物具有明确选择性,只催化特定的化学反应,生成具有确定结构的产物。酶对其所催化的底物的选择性和生成确定结构产物的性质就是酶的专一性。本实验的 3 种底物分子结构式见图 8-1。

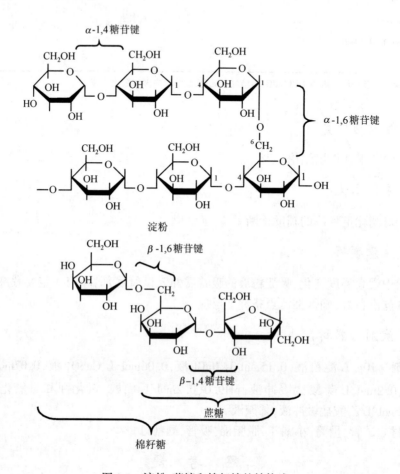

图 8-1　淀粉、蔗糖和棉籽糖的结构式

这 3 种底物分子的单糖单位和糖苷键各不相同,且本身皆无还原性。加入蔗糖酶后,如果蔗糖酶能水解底物分子中的糖苷键,就会生成具有还原性游离半缩醛羟基的单糖。

单糖的还原性可通过班氏试剂来检测。班氏试剂是一种碱性铜试剂,与还原糖共热时,试剂中的 Cu^{2+} 被还原为 Cu^{+},并生成 Cu_2O。Cu_2O 沉淀的颜色可因其数量的多少和颗粒大小而不同,量多、颗粒大时为砖红色,量少、颗粒小时为黄绿色。

（三）操作步骤

（1）蔗糖酶液的制备:称取干酵母 1g 于研钵中研磨片刻,分次加入 7ml 蒸馏水,边加边研磨约 5min,研磨充分后,用脱脂棉铺于漏斗中过滤,滤液用蒸馏水稀释两倍。

（2）取 7 支大试管,标号,按下表操作:

加入物(滴)	试管号						
	1	2	3	4	5	6	7
蔗糖酶液	10	—	10	—	10	—	10
蒸馏水	—	10	—	10	—	10	10
1%蔗糖	10	10	—	—	—	—	—
1%棉籽糖	—	—	10	10	—	—	—
1%淀粉	—	—	—	—	10	10	—
乙酸盐缓冲液(ml)	1.5	1.5	1.5	1.5	1.5	1.5	1.5

各管混匀后,置于40℃水浴30min,再加入班氏试剂2ml,将试管置沸水浴中3min。

(四) 结果与计算

观察各管颜色变化并记录。分析实验结果,推断蔗糖酶能水解何种糖苷键。

(五) 注意事项

(1) 研磨要充分。

(2) 过滤前脱脂棉需预先用蒸馏水浸湿并挤干。

(3) 过滤时漏斗口只需垫少量脱脂棉,不要塞得过紧。

(4) 沸水浴时间不可过长。

(六) 试剂与器材

1. 试剂

(1) 1%蔗糖溶液:蔗糖0.1g溶于10ml蒸馏水中。

(2) 1%棉籽糖溶液:棉籽糖0.1g溶于10ml蒸馏水中。

(3) 1%淀粉溶液:淀粉0.1g溶于10ml蒸馏水中。

(4) pH4.8 0.2mol/L乙酸盐缓冲液:0.2mol/L乙酸200ml与0.2mol/L乙酸钠300ml混合。

(5) 班氏试剂(Benedict试剂):称取柠檬酸钠173 g和无水碳酸钠100 g溶于蒸馏水700ml中,加热促溶。冷却后,慢慢加入17.3%硫酸铜溶液100ml,边加边摇,再加蒸馏水1000ml,混匀,如混浊可过滤,取滤液。此试剂可长期保存。

2. 器材 试管及试管架,脱脂棉,研钵,水浴箱,刻度吸量管,沸水浴锅,漏斗。

思 考 题

1. 蔗糖酶按其专一性分类属于绝对专一性、相对专一性还是立体异构专一性?

2. 试管5经长时间沸水浴后颜色也可能变为黄绿色,为什么?

3. 本实验在操作过程中有哪些注意事项?

(顾范博)

实验 8 丙氨酸转氨酶活性的测定

(一) 目的与要求

了解血清丙氨酸转氨酶(alanine transaminase, ALT)的测定原理及意义。

(二) 实验原理

基质液中丙氨酸和 α-酮戊二酸在一定温度和时间内,经血清中 ALT 的作用,生成丙酮酸和谷氨酸。丙酮酸与 2,4-二硝基苯肼作用,生成丙酮酸二硝基苯腙,在碱性溶液中显红棕色。根据显色的深浅反映出血清中 ALT 活性的强弱。其反应式如下:

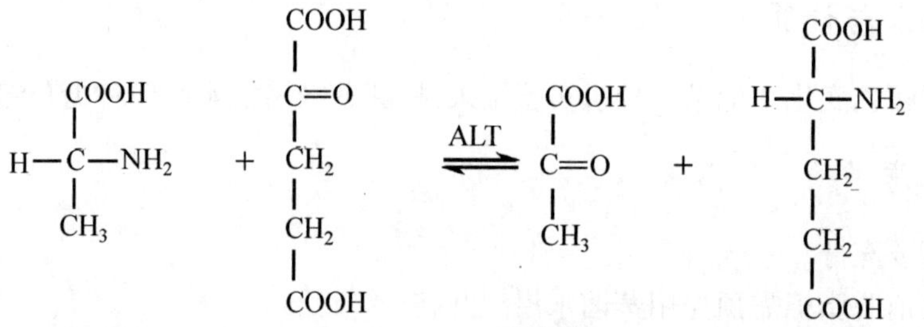

丙氨酸　α-酮戊二酸　丙酮酸　谷氨酸

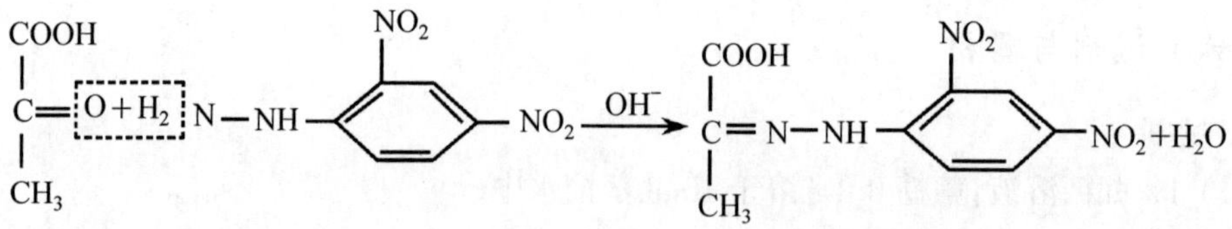

丙酮酸　2,4-二硝基苯肼　丙酮酸二硝基苯腙

(三) 操作步骤

取 4 只小试管按表 8-2 加入试剂。

表 8-2 ALT 活性测定试剂加入方法

试剂(ml)	管号			
	标准管(D_1)	标准空白(D_2)	测定管(D_3)	测定空白(D_4)
丙酮酸标准液(100μg/ml)	0.1	—	—	—
血清	—	—	0.1	0.1
基质液*	0.5	0.5	0.5	—
pH7.4 磷酸盐缓冲液	—	0.1	—	—
置于 37℃水浴或温箱中 30min 后取出				
2,4-二硝基苯肼	0.5	0.5	0.5	0.5
基质液(ml)	—	—	—	0.5

*见试剂(2)

充分混匀,置于37℃水浴或温箱中20min后,向每一管中加入0.4mol/L NaOH 5ml,再静置10min,在500nm处进行比色,蒸馏水校正零点,读取各管光密度。按下列公式(1)(2)计算出实验样品血清的ALT值。

(四) 结果与计算

本法所规定的ALT活性单位的定义是:1ml血清在37℃水浴中保温30min,与基质液作用后产生2.5μg丙酮酸,称为一个ALT单位。计算时,须先算出0.1ml血清于37℃下所产生丙酮酸的微克数,式(1)。再根据其单位定义换算为每毫升血清内ALT活力单位,式(2)。

$$\frac{D_3 - D_4}{D_1 - D_2} \times 10 = 丙酮酸微克数/0.1ml(血清) \tag{1}$$

$$\frac{丙酮酸微克数}{2.5} \times \frac{1}{0.1} = ALT单位/ml血清 \tag{2}$$

本法ALT正常值为2~40活力单位。

(五) 应用意义

ALT广泛存在于组织细胞中,肝中特多。当肝细胞损伤时,此酶即释放入血,血中酶活性大大升高。临床上常用来测定肝功能。

ALT显著增高见于各种肝炎急性期及药物中毒性肝细胞损坏。

(六) 试剂与器材

1. 试剂

(1) 0.1mol/L磷酸盐缓冲液(pH7.4):取磷酸氢二钾13.97g、磷酸二氢钾2.69g,加热溶解后移至1000ml容量瓶中,加蒸馏水至刻度,贮于冰箱。

(2) 基质液:取丙氨酸1.79g、α-酮戊二酸29.2mg,先溶于约50ml磷酸盐缓冲液中,然后以1mol/L NaOH校正到pH7.4,再以磷酸盐缓冲液稀释到100ml即成。贮于冰箱不宜超过3天。

(3) 丙酮酸标准液(100μg/ml):准确称取已干燥至恒重的丙酮酸钠12.64mg,置于100ml容量瓶中,以pH7.4磷酸盐缓冲液稀释至刻度,此液必须临用前配制。

(4) 2,4二硝基苯肼(0.2g/L):称取2,4-二硝基苯肼20mg,溶于10 mol/L HCl 10ml,溶解后再加蒸馏水至100ml。

(5) 0.4 mol/L NaOH溶液。

2. 器材　大试管,刻度吸管,37℃水浴箱,分光光度计。

思　考　题

1. ALT活性单位的定义及正常值是多少? 其临床意义如何?

2. 此实验中为什么要设立标准空白管和测定空白管?

(唐彦萍)

实验 9 乳酸脱氢酶同工酶的分离

（一）目的与要求

掌握乳酸脱氢酶（LDH）同工酶的分类，熟悉其显色原理，了解各种乳酸脱氢酶同工酶的主要组织部位及临床意义。

（二）实验原理

乳酸脱氢酶（EC 1. 1. 1. 27，lactate dehydrogenase，LDH）的系统名为 L-乳酸：NAD^+ 辅酶 I 氧化还原酶（L-lactate：NAD^+ oxidoreductase），催化丙酮酸和乳酸之间的可逆反应，是糖的无氧酵解以及糖异生重要酶之一。LDH 含锌，是由分子量约为 35 000 的两种亚基组成的四聚体，H 亚基由第 12 对染色体上的基因 B 指导合成，M 亚基由第 11 对染色体上的基因 A 指导合成，两种亚基聚合成 H_4、H_3M、H_2M_2、HM_3 和 M_4 等 5 型同工酶。据其在电场中向阳极泳动的速率依次称为 LDH_1、LDH_2、LDH_3、LDH_4 和 LDH_5。心肌 LDH 含 H 亚基为主，故 LDH_1（H_4）又称心型 LDH，骨骼肌含 M 亚基较多，故 LDH_5（M_4）又称肌型 LDH。此外，男性青春期后的睾丸与精液中，尚含一种由基因 C 控制的 X 亚基组成的四聚体，称为 LDH_x，电泳位置在 LDH_3 与 LDH_4。

LDH 发现于 1919 年，1940 年从牛心和猪心中获得此酶的结晶制品，并测得各种哺乳动物组织 LDH 的分子量在 100 000~150 000。

LDH 几乎存在于动物的所有组织细胞，但不同动物及不同组织中 LDH 分布均不相同。家兔各组织酶活性强弱依次为骨骼肌、肝、心、脑、肾、肺、脾、红细胞及血浆，骨骼肌 LDH 活性约为血浆的 10 万倍。人体组织以心肌、骨骼肌、肾和肝的含量最高。红细胞 LDH 活性约为血浆的 150~200 倍，LDH 在细胞内几乎全定位于细胞液。此外，尿液、脑脊液、唾液、胸腹腔积液、心包液、关节滑液、胃液、引流液及囊（肿）液中亦含此酶。

肌（M）型 LDH 主要催化丙酮酸→乳酸的还原反应，故可称为丙酮酸还原酶，心（H）型 LDH 主要催化乳酸脱氢，是真正的乳酸脱氢酶。后者对作用物的特异性较差，除乳酸外，尚可催化 α-羟基丁酸脱氢，故临床上又称为 α-羟基丁酸脱氢酶（α-hydroxybutyrate dehydrogenase，HBD），实际上不是一种独特的酶，而是 H 型 LDH 作用于另一底物的反映，即 HBD 的活性实为 H 型 LDH 的活性。

血中 LDH_5（M_4）的清除速度比 LDH_1 快 10 倍。LDH_1~LDH_5 的半衰期依次为 79h、75h、31h、15h 和 9h。

以琼脂糖为支持物，经电泳使酶蛋白分开后，以乳酸钠为基质，以 NAD^+ 为受氢体，乳酸氧化成丙酮酸后使 NAD^+ 还原，后者又使吩嗪二甲酯硫酸盐（PMS）还原，PMS·2H 再将氢传递给氯化硝基四氮唑蓝（NBT），而还原为紫蓝色化合物。

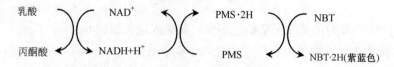

（三）操作步骤

断头术处死大鼠后，立即取心尖部心肌组织及股四头肌(不包括肌腱部分)，用4℃蒸馏水洗净血迹，经滤纸吸干后称重，剪碎。于冰浴中制成匀浆，按w/v用4℃的蒸馏水制成500倍之稀释液，并经10 000r/min离心10min后取其上清液备用。

1. 琼脂糖凝胶平板制备 取试剂"(2)"(加热溶解后)均匀地涂布于玻片，不能有气泡，待冷却后，于一端的2cm(或1.5cm)处刻一1.5cm×0.1cm小槽，用滤纸吸干槽内水分备用。

2. 滴加标本 取血红蛋白吸管吸取10μl均匀涂布于槽内，并加少许试剂"(8)"作前导剂。

3. 电泳 80~100V，8~10mA，40~80min，区带展开2.5~3.0cm即可。

4. 染色 电泳完毕前10min先将一管分装好的琼脂糖凝胶加热溶解，与基质显色液[试剂"(7)"]按5:4配制，置温水中备用("备用显色液")。电泳结束后每片标本立即用1.2~1.5ml"备用显色液"覆盖整个板面。不宜移动，故先置于有盖饭盒内滴加，加盖5min后置37℃水浴箱40~60min。取出后置1.2mol/L乙酸中洗脱2~3h。

（四）试剂与器材

1. pH8.6巴比妥缓冲液 取2.062g巴比妥钠加蒸馏水溶解后至100ml，取87.1ml加0.1mol/L HCl至100ml。

2. 琼脂糖凝胶储存液 取琼脂糖0.8g溶于pH8.6巴比妥缓冲液50ml中，加10mmol/L EDTA溶液2.0ml，加蒸馏水至100ml，加热溶解后分装于试管，冰箱保存备用。

3. 1.0mol/L 乳酸盐溶液 取850g/L乳酸10ml以1 mol/L NaOH调至中性。

4. 3.27mmol/L PMS 溶液 10mgPMS溶于10ml蒸馏水中。

5. 13mmol/L NAD⁺溶液 50mgNAD⁺溶于5ml蒸馏水中。

6. 500mg/L NBT 溶液 6.25mgNBT，加pH7.4磷酸缓冲液至12.5ml。

7. 基质显色液 "(3)"4.56ml加"(4)"1.2ml加"(5)"4.5ml加"(6)"12ml。依次加入，混匀后低温避光保存，可用1个月。使用前将基质显色液:琼脂糖凝胶液=4:5比例混合待用。

8. 0.04g/L 麝香草酚兰溶液。

（五）结果与计算

琼脂糖凝胶平板上显示出5条区条，从正极端起依次为LDH$_1$、LDH$_2$、LDH$_3$、LDH$_4$、LDH$_5$。

思 考 题

1. 简述LDH测定的显色原理。

2. LDH电泳的区带有几条？

（唐彦萍）

实验 10　转氨基反应

（一）目的与要求

掌握转氨基反应原理;熟悉纸层析方法。

（二）实验原理

转氨基反应是由转氨酶所催化的反应,它催化 α-氨基酸和 α-酮酸之间氨基与酮基的互换。转氨酶广泛分布于机体各器官、组织中。每种 α-氨基酸和 α-酮酸的转氨基反应都有专一的转氨酶催化。

本实验将谷氨酸与丙酮酸和肝匀浆一起保温,在肝细胞的谷丙转氨酶(GPT)催化下产生丙氨酸。利用纸层析法鉴定丙氨酸的存在,证明组织内的转氨基反应。

为了防止底物丙酮酸被组织中其他酶所氧化或还原,可加碘乙酸(或溴乙酸)抑制糖酵解途径中的某些酶。

（三）操作步骤

1. 肝匀浆制备　健康小鼠 1 只拉颈处死后剖腹取肝脏,生理盐水洗去血水后用滤纸吸干称取 1g 置研钵中,加石英砂(或干净细砂)少许研碎,加预冷的 0.01mol/L(pH7.4)的磷酸盐缓冲液 5ml,磨成匀浆。

2. 转氨反应　取小试管 2 支,按下表操作。

加入物(滴)	测定管	对照管
肝匀浆	10	10(沸水浴 10min)
0.25% 碘乙酸溶液	5	5
1% 谷氨酸溶液	10	10
1% 丙酮酸溶液	10	10
置 40℃水浴 10min		
5% 三氯乙酸溶液	2	2
置沸水浴 5min		

冷却后,2000r/min 离心 3~5min,将上清液分别移入另 2 支同样编号的小试管中。

3. 层析鉴定

（1）画线:取直径 11cm 圆形滤纸 1 张,用铅笔过圆心画长度 2cm 的两条相互垂直的线,以每条线的端点作为点样处,并分别在各点对应的滤纸边缘标上"测"、"谷"、"对"、"丙"字样(如图 8-2 所示)。

（2）点样:取 4 根毛细玻管,分别吸取测定液、谷氨酸(1%)、对照液、丙氨酸(0.1%)4 种样液在滤纸上相应点样处点样,使点样原点的直径不超过 3mm,待干后再点下一次,每处约点 2~3 次。

（3）做捻子:用尖头镊子在滤纸圆心戳 1 小孔(约直径 1mm),另取直径 7cm 圆形

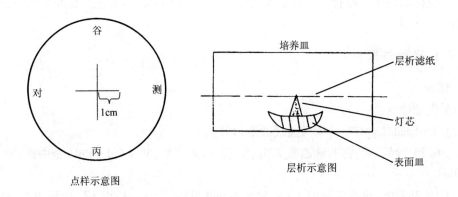

图 8-2 层析示意图

滤纸（剪成 0.5cm×2.5cm）卷成锥状，捻紧如灯芯，从滤纸背面插入小孔（突出滤纸面约 1mm）。

（4）展层：加约 2.5ml 展层剂置直径为 5cm 的表面皿中，表面皿置于直径为 10cm 培养皿正中，将滤纸平放在培养皿上，使灯芯浸入展层剂中，另取一同样大小的培养皿反向盖上（如图 8-2 所示），展层剂将沿灯芯上升到滤纸，并向四周扩散，待展层剂前沿距滤纸边缘约 1cm 时，即可取出（展层时间约 45～60min）。用铅笔画出展层剂前沿后，用电吹风烘干。

（5）显色：将滤纸平放于培养皿上，用喷雾器喷 0.1% 茚三酮乙醇溶液，再用电吹风烘干，滤纸上即出现紫色弧形色斑。

（6）描廓：用铅笔描出各色斑轮廓。

（四）结果与计算

按下表记录有关数据，计算 R_f 值。

	谷	丙	对	测1	测2
点样处至色斑中心距离（cm）					
点样处至展层剂前沿距离（cm）					
R_f 值					

R_f 值计算公式

$$R_f \text{ 值} = \frac{\text{原点到层析斑点中心的距离（cm）}}{\text{原点到展层剂前沿的距离（cm）}}$$

将"测"、"对"各色斑的 R_f 值与已知氨基酸的 R_f 值进行对比，确定它们各是什么氨基酸。据此解释转氨基反应。

（五）注意事项

（1）操作中接触滤纸前要将手擦净，并尽量避免手与滤纸面接触。

（2）点样用的滤纸切勿折叠。

（3）点样后的毛细玻管应及时插入原试管中或及时弃去，以免混用而相互污染，导致结果混乱。

（六）试剂与器材

1. 试剂

（1）生理盐水。

（2）0.01mol/L(pH7.4)磷酸盐缓冲液(PB)。

（3）0.25%碘乙酸：称取碘乙酸2.5g，加水10ml溶解，5%KOH调pH至中性，加PB液至1000ml。

（4）1%谷氨酸：称取谷氨酸1.0g，加水4.0ml溶解，加5% KOH调pH至中性，再用PB液稀释至100ml。

（5）1%丙酮酸：称取丙酮酸钠1.0g，用PB液溶解至100ml。

（6）5% 三氯乙酸。

（7）0.1% 丙氨酸：称取丙氨酸0.1g，用PB液溶解至100ml。

（8）展层剂：酚：水＝4：1

（9）0.5%茚三酮乙酮乙醇溶液：称取茚三酮1.0g，加无水乙醇至200ml。

2. 器材　剪刀、镊子、尺、铅笔、研钵(或玻璃匀浆器)、毛细玻管、表面皿、电吹风、培养皿、喉头喷雾器、圆形滤纸。

思 考 题

1. 转氨反应后测定管经纸层析为何可见两色斑？
2. 纸层析属于分配层析还是吸附层析？

（王卉放　马　洁）

实验 11　琥珀酸脱氢酶的作用及竞争性抑制

（一）目的与要求

了解琥珀酸脱氢酶的作用及酶促反应中的竞争性抑制作用。

（二）实验原理

肌肉组织中含有琥珀酸脱氢酶，能催化琥珀酸脱氢转变成延胡索酸。反应中生成的$FADH_2$可使蓝色的甲烯蓝还原为无色的甲烯白(还原型甲烯蓝)。

丙二酸是琥珀酸脱氢酶的竞争性抑制剂。因它与琥珀酸的分子结构相似，故能与琥珀酸竞争琥珀酸脱氢酶的活性中心。丙二酸与酶结合后，酶活性受到抑制，则不能再催化琥珀酸的脱氢反应。抑制程度的大小，随抑制剂与底物两者浓度的比例而定。

本实验以甲烯蓝为受氢体，在隔绝空气的条件下，琥珀酸脱氢酶的活性改变可以甲烯蓝的褪色程度来判断，并借此观察丙二酸对琥珀酸脱氢酶活性的抑制作用。

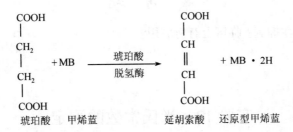

（三）操作步骤

（1）酶提取液的制备：取新鲜猪心约 6g 或兔肉 1g 置于研钵中剪成碎块，加入适量净砂，研磨成糜状。分两次加入 0.067mol/L、pH7.4 磷酸盐缓冲液，总体积为 12.0ml，研成糊状，用棉花或纱布过滤，即得酶提取液。

（2）取小试管 5 支，编号，按表 8-3 操作。

表 8-3　琥珀酸脱氢酶测定操作表

试剂（滴）	管　号				
	1	2	3	4	5
酶提取液	20	20	20	20	—
0.2mol/L 琥珀酸	4	4	4	—	4
0.02mol/L 琥珀酸	—	—	—	4	—
0.2mol/L 丙二酸	—	4	—	4	—
0.02mol/L 丙二酸	—	—	4	—	—
蒸馏水	4	—	—	—	24
0.2g/L 甲烯蓝	2	2	2	2	2

（四）试剂与器材

1. 试剂

（1）0.2mol/L 琥珀酸。

（2）0.02mol/L 琥珀酸。

（3）0.2mol/L 丙二酸。

（4）0.02mol/L 丙二酸。

以上 4 种溶液用 1 mol/L NaOH 溶液调至 pH7.4，直接用琥珀酸钠及丙二酸钠配制亦可。

（5）0.067mol/L、pH7.4 磷酸盐缓冲液：0.067mol/L Na_2HPO_4 溶液 80.8ml 与 0.067mol/L KH_2PO_4 溶液 19.2ml 混合即成。

（6）0.2g/L 甲烯蓝溶液。

（7）液体石蜡。

2. 器材　新鲜猪心、玻璃研钵、漏斗、手术剪、棉花少许、恒温水浴箱。

思 考 题

什么叫酶的竞争性抑制? 临床上有何应用?

(唐彦萍)

实验 12 米氏常数的测定

当环境温度、pH 和酶浓度等条件相对恒定时,酶促反应的初速度 v 随底物浓度[S]增大而增大,直到酶全部被底物所饱和时达到最大速度 v_{max}。反应初速度与底物浓度间的关系可用下列米氏方程式表示:

$$v = \frac{v_{max} \cdot [S]}{K_m + [S]}$$

其中 K_m 是酶的重要特征性常数,称为米氏常数。测定 K_m 是酶学研究中的重要内容。

实验测定 K_m 的方法是在一系列[S]下进行酶促反应,取得各相应的 v,然后用这些数据作图求出 K_m 值。具体的作图法有:

1. Lineweaver-Burk 双倒数作图法(图 8-3)

将米氏方程两边取倒数得:

$$\frac{1}{v} = \frac{K_m}{v_{max}} \cdot \frac{1}{[S]} + \frac{1}{v_{max}}$$

以 $1/v$ 对 $1/[S]$ 作图得一直线,其延长线与横轴的截距为 $-1/K_m$

2. Hanes-Woolf 作图法(图 8-4)

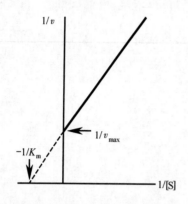

图 8-3 Lineweaver-Burk 双倒数作图法

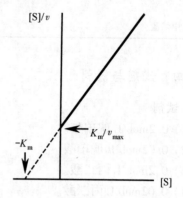

图 8-4 Hanes-Woolf 作图法

将米氏方程两边取倒数,再乘以[S]得:

$$\frac{[S]}{v} = \frac{1}{v_{max}}[S] + \frac{K_m}{v_{max}}$$

以[S]/v对[S]作图得一直线,其延长线与横轴的截距为-K_m。

Ⅰ. 过氧化氢酶 K_m 值的测定

(一) 目的与要求

掌握作图法求酶的 K_m 值的实验原理及其过程,以红细胞含有的过氧化氢酶(catalase)为例,学习一种简单的 K_m 值的测定法。

(二) 实验原理

过氧化氢酶可催化 H_2O_2 的分解,一分子 H_2O_2 供氢(作为还原剂)而被氧化,另一分子 H_2O_2 接受氢(作为氧化剂)而被还原生成两分子 H_2O,其反应式如下表:

$$2H_2O_2 \xrightarrow{\text{过氧化氢酶}} 2H_2O + O_2 \uparrow$$

H_2O_2 浓度可用 $KMnO_4$ 在硫酸存在下滴定测得:

$$2KMnO_4 + 5H_2O_2 + 3H_2SO_4 \longrightarrow 2MnSO_4 + K_2SO_4 + 5O_2 \uparrow + 8H_2O$$

测定酶促反应前后反应体系中 H_2O_2 的浓度差,即可计算出酶促反应速度。

(三) 操作步骤

1. 血液稀释 吸取新鲜(或肝素抗凝)血液 0.1ml,用蒸馏水稀释至 10ml,混匀,取此稀释血液 1.0ml,用磷酸盐缓冲液(pH7.2、0.2mol/L)稀释至 10ml,即得 1:1000 稀释血液。

2. H_2O_2 浓度的标定 取洁净锥形瓶两只,每只中加浓度约为 0.08mol/L 的 H_2O_2 1.0ml 和 25% H_2SO_4 1.0ml,于 70℃水浴中分别用 0.004mol/L $KMnO_4$ 滴定至微红色,从滴定用去的 $KMnO_4$ 的体积(两瓶的平均值),求出 H_2O_2 的浓度(mol/L)。

3. 酶促反应速度的测定 取干燥洁净的 50ml 锥形瓶 5 只,编号并按下表操作:

加入物(ml)	锥形瓶				
	1	2	3	4	5
H_2O_2	0.50	1.00	1.50	2.00	2.50
蒸馏水	3.00	2.50	2.00	1.50	1.00
混匀,37℃水浴 5min					
1:1000 稀释血液	0.5	0.5	0.5	0.5	0.5
边加边摇,继续置 37℃水浴 5min(准确)					
25% H_2SO_4	2.0	2.0	2.0	2.0	2.0

各锥形瓶在 70℃水浴中,分别用 0.004mol/L $KMnO_4$ 滴定至微红色,记录 $KMnO_4$ 滴定体积。

(四) 结果与计算

1. 反应瓶中 H_2O_2 浓度(mol/L)

$$[S] = \frac{C(H_2O_2)\,\text{mol/L} \times \text{加入}\,V(H_2O_2)\,\text{ml}}{4\text{ml}}$$

（式中 4 为反应液量 4ml，C 为浓度，V 为体积）

2. 反应速度的计算　以反应 5min 消耗 H_2O_2 的量（mmol）表示。

$V=$ 加入的 H_2O_2 mmol－剩余的 H_2O_2 mmol $=C(H_2O_2)$ mol/L×加入的

$\quad V(H_2O_2)$ ml$-C(KMnO_4)$ mol/L×消耗的 $V(KMnO_4)$ ml×5/2

（式中 5/2 为 $KMnO_4$ 与 H_2O_2 反应中的换算系数）

3. 求 K_m 值　下面引用一次实验结果为例，以 Hanes-Woolf 作图法求过氧化氢酶的 K_m 值，供计算参考。

设标定出 H_2O_2 浓度为 0.08mol/L，已知 $KMnO_4$ 为 0.004mol/L，列表计算如下表：

计算程序	锥形瓶				
	1	2	3	4	5
①加入 H_2O_2 体积（ml）	0.50	1.00	1.50	2.00	2.50
②加入 H_2O_2 mmol＝①×0.08	0.04	0.08	0.12	0.16	0.20
③底物浓度［S］＝②÷4	0.01	0.02	0.03	0.04	0.05
④反应后 $KMnO_4$ 滴定体积 V（ml）	1.35	3.70	6.40	9.80	13.2
⑤剩余 H_2O_2 mmol/L＝④×0.004×5/2	0.0135	0.037	0.064	0.098	0.132
⑥反应速度 $v＝$②－⑤	0.0265	0.043	0.056	0.062	0.068
⑦［S］/$v＝$③÷⑥	0.377	0.465	0.536	0.645	0.735

以 Hanes-Woolf 作图法（图 8-5）求得 $K_m=0.032$mol/L。

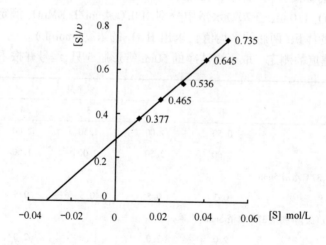

图 8-5　Hanes-Woolf 作图法

（五）注意事项

（1）滴定管在用之前应检查是否渗漏。

（2）在滴定过程中要逐滴加入，且要边加边摇动反应瓶，使反应充分。

（3）按相同顺序向各瓶中加入 1∶1000 稀释血液和 25% H_2SO_4，边加边摇，使各瓶尽可能准确反应 5min。

（六）试剂与器材

1. 试剂

（1）0.05 mol/L 草酸钠标准液：将草酸钠（A.R.）于 100~105℃烘 12h，冷却后准确称取 0.67g，用蒸馏水溶解倒入 100ml 容量瓶中，加入浓 H_2SO_4 5.0ml，加蒸馏水至刻度，充分混匀，此液可储存数周。

（2）约 0.02 mol/L $KMnO_4$ 储存液：称取 $KMnO_4$ 3.4g，溶于 1000ml 蒸馏水中，加热搅拌，待全部溶解后，用表面皿盖住，在低于沸点温度下加热数小时，冷却后放置过夜，玻璃纤维过滤，棕色瓶内保存。

（3）0.004 mol/L $KMnO_4$ 应用液：取 0.05mol/L 草酸钠标准液 10ml 于锥形瓶中，加浓 H_2SO_4 0.5ml，于 70℃水浴中用 $KMnO_4$ 储存液滴定至微红色，根据滴定结果计算出 $KMnO_4$ 储存液的标准浓度，稀释成 0.004mol/L，每次稀释都必须重新标定储存液。

（4）约 0.08 mol/L 的 H_2O_2 溶液：取 30% H_2O_2（A.R.）40ml 于 1000ml 容量瓶中，加蒸馏水至刻度，临用时用 0.004mol/L $KMnO_4$ 标定之，稀释至所需浓度。

（5）0.2mol/L pH 7.0 的磷酸盐缓冲液。

（6）25% H_2SO_4 溶液。

2. 器材 酸式滴定管、37℃水浴、70℃水浴、刻度移液管、锥形瓶、小塑料盒（滴定时水浴用）、滴定台。

思 考 题

1. 什么是酶的 K_m 值及其影响 K_m 值的因素？
2. 本实验中在加入稀释血液后为什么每管都要准确反应 5min？
3. 试述测定酶 K_m 值的意义。

（张海方 钱 晖）

Ⅱ. 碱性磷酸酶 K_m 值的测定

（一）目的与要求

掌握用双倒数作图法求酶的 K_m 值。

（二）实验原理

碱性磷酸酶（alkaline phosphatase，AKP）是一种催化磷酸酶键水解的酶，本实验以磷酸苯二钠作为 AKP 的底物，AKP 能水解磷酸苯二钠产生酚和磷酸，酚在碱性溶液中与 4-氨基安替比林作用，经铁氰化钾氧化生成红色的醌衍生物，其反应式如下：

4-氨基安替比林   醌衍生物

红色醌衍生物生成的量可用光度法测定,从而可测定出酶促反应速度。

本实验以不同底物浓度(S)倒数为横坐标(x 轴),反应速度(v)倒数为纵坐标,用双倒数法作图,求得 AKP 的 K_m 值。

(三) 操作步骤

(1) 取干净中试管 10 支,按下表操作:

管 号	0	1	2	3	4	5	6	7	8	标准管
标准酚溶液(0.1mg/ml)(ml)	—	—	—	—	—	—	—	—	—	0.2
0.04mol/L 底物液(ml)	—	0.05	0.10	0.20	0.30	0.40	0.80	1.00	1.20	—
0.1mol/L pH10 碳酸盐缓冲液(ml)	0.70	0.70	0.70	0.70	0.70	0.70	0.70	0.70	0.70	0.70
蒸馏水(ml)	1.20	1.15	1.10	1.00	0.90	0.80	0.40	0.20	—	1.10
				37℃水浴保温 5min						
酶液(ml)	0.1	0.1	0.1	0.1	0.1	0.1	0.1	0.1	0.1	—

加入酶液,立即计时。各管混匀后在 37℃ 水浴准确保温 15min,标准管不必在 37℃ 水浴准确保温 15min,为什么?

(2) 保温结束,立即加入碱性溶液 1.0ml,以终止反应。

(3) 各管中分别加入 0.3% 4-氨基安替比林 1.0ml 及 0.5% 铁氰化钾 2.0ml,充分混匀。放置 10min,以 0 管调零,于波长 510nm 或绿色滤光片比色,读取各管光密度。

(四) 结果与计算

计算出各管的底物浓度(mol/L)填入下表中。

将读取到的各管光密度(A)填入下表中。

根据光密度计算出各管的酶促反应速度(mg 酚/min)填入下表中。

管 号	1	2	3	4	5	6	7	8	标准管
底物浓度[S](mol)									—
1/[S]									
光密度(A)									
1/A									
反应速度 v(mg 酚/min)									—
1/v									—

以 $1/v$ 对 $1/[S]$ 作图,求出 AKP 的 K_m 值。

也可以 $1/A$ 对 $1/[S]$ 作图,求出 AKP 的 K_m 值。

(五) 注意事项

1. 按相同顺序向各管中加入酶液和碱性溶液,使各管尽可能反应时间相同为 15min。
2. 所用中试管必须干净,而且要干燥。

(六) 试剂与器材

1. 试剂

(1) 0.04mol/L 底物液:称取磷酸苯二钠·2H$_2$O 10.16g,用煮沸冷却的蒸馏水溶解并稀释至 1000ml。加 4.0ml 氯仿防腐,贮于棕色瓶内,冰箱保存。此试剂可用一周。

(2) 酚标准液:

1) 称取结晶酚 1.5g 溶于 0.1mol/L HCl 到 1000ml,为储存液。

2) 标定:取 25.0ml 上述酚液,加 50ml 0.1mol/L NaOH 于具塞的烧瓶内,加热至 65℃再加入 0.1mol/L 碘液 25.0ml,加塞放置 30min 使充分反应[$3I_2+C_6H_5OH \rightarrow C_6H_2I_3(OH)+3HI$],加浓 HCl 5.0ml,再以 0.1% 淀粉为指示剂,用 0.1mol/L 硫代硫酸钠滴定剩余碘。滴定反应式如下:

$$I_2+2Na_2S_2O_3 \rightarrow 2NaI+Na_2S_4O_6$$

根据反应,3 分子碘(分子量为 254)与 1 分子酚(分子量为 94)起作用,因此每 1ml 碘液(含碘 12.7mg)相当于酚的 mg 数为:

$$\frac{12.7}{254 \times 3} \times 94 = 1.567mg$$

25ml 碘液中被硫代硫酸钠滴定者为 x 毫升,则 25ml 酚溶液中所含酚量为:

$$(25-x) \times 1.567mg$$

3) 应用时按上述标定结果用蒸馏水稀释至 0.1mg/ml 作为酚标准液。

(3) 0.1mol/L pH10 碳酸盐缓冲液:称取无水碳酸钠 6.36g 及碳酸氢钠 3.36g 溶于蒸馏水中稀释至 1000ml。

(4) 酶液:称取纯制的碱性磷酸酶 5mg,用 pH8.8 Tris 缓冲液配制成 100ml,冰箱中保存。

(5) 碱性溶液:量取 0.5mol/L NaOH 与 0.5mol/L Na$_2$CO$_3$ 各 20ml,混合后加蒸馏水至 100ml。

(6) 0.3% 4-氨基安替比林:称取 3g 4-氨基安替比林,用蒸馏水溶解,并稀释至 1000ml。置棕色瓶中,冰箱内保存。

(7) 0.5%铁氰化钾:称取 5g 铁氰化钾和 15g 硼酸,各溶于 400ml 蒸馏水中,溶解后两液混合,再加蒸馏水至 1000ml,置棕色瓶中暗处保存。

(8) pH8.8 Tris 缓冲液:称取三羟甲基氨基甲烷(Tris)12.1g 用蒸馏水溶解,并稀释至 1000ml,即为 0.1mol/L Tris 溶液。

取 0.1mol/L Tris 溶液 100ml,加蒸馏水约 800ml,再加 0.1mol/L 乙酸镁 100ml,混匀后用 1%乙酸调节 pH 至 8.8,再用蒸馏水稀释至 1000ml。

(9) 0.1mol/L 乙酸镁:称取乙酸镁 21.45g,溶解于蒸馏水中,稀释至 1000ml。

2. 器材 37℃恒温水浴、分光光度计、刻度移液管、中试管。

思 考 题

1. 用 $1/v \rightarrow 1/[S]$ 或 $[S]/v \rightarrow [S]$ 作图求取 K_m 值时，结果是不是一样？

2. 加入酶液前，为什么要先在 37℃水浴保温 5min？

3. 在操作步骤中有两次要 37℃水浴保温，先为 5min，后为 15min，这两次保温时间如果不准确，对实验结果将会产生怎样的影响？

（唐彦萍）

Ⅲ. 抑制剂对酶促反应速度的影响

（一）目的与要求

观察磷酸盐对碱性磷酸酶活性的影响，并学习用双倒数作图法来判断抑制剂的类型。

（二）实验原理

凡能使酶的催化活性下降而不引起酶蛋白构象发生非常显著变化的物质称为酶抑制剂。根据抑制剂与酶结合的紧密程度和相互作用的化学本质，酶的抑制作用分为可逆性抑制和不可逆性抑制两类。

根据可逆抑制剂同各种结构形式酶结合及对酶表观动力学参数的改变，可逆抑制作用可分为竞争性抑制、非竞争性抑制和反竞争性抑制。其酶反应的动力学方程和双倒数方程为：

$$v = \frac{v_{max} \times [S]}{K_m(1+[I]/K_i) \times [S]} \qquad 1/v = \frac{K_m}{v_{max}}(1+[I]/K_i) \times \frac{1}{[S]} + \frac{1}{v_{max}}$$

非竞争性抑制：

$$v = \frac{v_{max}/(1+[I]/K_i) \times [S]}{K_m + [S]} \qquad 1/v = \frac{K_m}{v_{max}}(1+[I]/K_i) \times \frac{1}{[S]} + \frac{1}{v_{max}} \times (1+[I]/K_i)$$

反竞争性抑制：

$$v = \frac{v_{max}/(1+[I]/K_i) \times [S]}{K_m(1+[I]/K_i) \times [S]} \qquad 1/v = \frac{K_m}{v_{max}} \times \frac{1}{[S]} + \frac{1}{v_{max}} \times (1+[I]/K_i)$$

利用双倒数作图，根据直线的斜率和在纵轴截距、横轴截距的改变，根据求出的动力学参数（表观 K_m 和表观 v_{max}）的变化可判断是哪一种抑制类型。

（三）操作步骤

（1）取干净中试管 10 支，编号，按下表正确操作，特别注意准确吸取底物液及酶液：

管 号	0	1	2	3	4	5	6	7	8	标准管
标准酚溶液（0.1mg/ml）(ml)	—	—	—	—	—	—	—	—	—	0.2
0.04mol/L 底物液(ml)	—	0.05	0.10	0.20	0.30	0.40	0.80	1.00	1.20	—
0.1mol/L pH10 碳酸盐缓冲液(ml)	0.70	0.70	0.70	0.70	0.70	0.70	0.70	0.70	0.70	0.70
蒸馏水(ml)	1.20	1.15	1.10	1.00	0.90	0.80	0.40	0.20	—	1.10
37℃水浴保温 5min										
酶液(ml)	0.1	0.1	0.1	0.1	0.1	0.1	0.1	0.1	0.1	—

加入酶液,立即计时。各管混匀后在37℃水浴准确保温15min,标准管不必在30℃水浴准确保温15min,为什么?

（2）保温结束,立即加入碱性溶液1.0ml,以终止反应。

（3）各管中分别加入0.3% 4-氨基安替比林1.0ml及0.5%铁氰化钾2.0ml,充分混匀。放置10min,以0管调零,于波长510nm或绿色滤光片比色,读取各管光密度。

（四）结果与计算

按Ⅱ碱性磷酸酶K_m值的测定所述相同的方法,用双倒数作图,并与Ⅱ的实验结果进行比较,判断磷酸盐对AKP有无抑制作用,属于哪一种类型的抑制。

（五）注意事项

与实验Ⅱ相同。

（六）试剂与器材

0.1mol/L pH10碳酸盐/磷酸盐缓冲液:称取磷酸氢二钠14.3g溶解于0.1mol/L pH10碳酸盐缓冲液中。

其余试剂与器材同实验Ⅱ。

思 考 题

1. 竞争性抑制剂对酶的表观K_m和表观v_{max}有怎样的影响?

2. 测定AKP活性时,能否用磷酸盐缓冲液,为什么?

（唐彦萍）

第 9 章 糖、脂和生物氧化

实验 13 饥饿和饱食对肝糖原含量的影响

(一) 目的与要求

学会组织中糖原的定量测定方法,通过实验观察饥饿和饱食对肝糖原含量的影响。

(二) 实验原理

肝糖原的含量通常约占肝重的 5%。许多因素可影响肝糖原的含量,如饱食后肝糖原增加,饥饿则肝糖原逐渐降低。本实验采用蒽酮显色法测定肝糖原含量,先将肝组织置于浓碱中加热,破坏其他成分而保留肝糖原;再使肝糖原被浓硫酸脱水生成糠醛衍生物,后者与蒽酮作用而形成蓝棕色化合物。在一定条件下,颜色的深浅与肝糖原的含量成正比,可与同法处理的标准葡萄糖溶液进行比色定量。

(三) 操作步骤

1. 准备动物 选择体重在 25g 以上的健康小白鼠,随机分成两组:

(1) 饥饿组:实验前严格禁食 30h(单独放置于铁丝笼中,不要用锯木屑铺垫,以免小鼠啃食而影响实验结果,只给饮水)。

(2) 饱食组:正常摄食、饮水。

2. 处死动物 用颈椎脱位法处死动物,立即剖腹取出肝脏,0.9% NaCl 溶液洗血污后用滤纸吸干水分,准确称取饥饿鼠肝组织 0.6g,饱食鼠肝组织 0.4g(称重量不同以避免测量的吸光度值过高或过低)。

3. 糖原提取 取 15ml 大试管 2 支,编号,各加入 30% KOH 1.5ml,将称取的饥饿和饱食鼠肝组织分别放入上述 2 支试管中。置沸水浴中煮沸 20min,每隔 5min 振摇试管 1 次(使充分混合)。待肝组织全部溶解后取出冷却,将各管内容物分别全部移入 2 只 100ml 容量瓶中(用蒸馏水次洗涤试管,一并收入容量瓶内),定容至刻度,仔细混匀。

4. 糖原测定 取试管 4 支编号,按表 9-1 操作。

表 9-1 糖原含量测定操作表

加入物(ml)	试管号			
	空白管	标准管	饥饿管	饱食管
糖原提取液	—	—	0.5	0.5
葡萄糖标准液	—	0.5	—	—
蒸馏水	1.0	0.5	0.5	0.5
0.2% 蒽酮	2.0	2.0	2.0	2.0

混匀,置沸水浴中 10min,冷却,以空白管调零,于 620nm 波长处读取吸光度。

（四）结果与计算

$$100g\ 肝组织含糖原(g) = \frac{测定管吸光度}{标准管吸光度} \times 1 \times 0.1 \times \frac{100}{肝重} \times \frac{100}{1} \times \frac{1}{1000} \times 1.11$$

注：1.11 是此法测得葡萄糖含量换算为糖原含量的常数，即 111μg 糖原用蒽酮试剂显色相当于 100μg 葡萄糖用蒽酮试剂所显示的颜色。

（五）应用意义

测肝糖原含量的变化。

（六）注意事项

（1）肝组织必须在沸水浴中全部溶解，否则影响比色。
（2）注意定量转移，吸取量要准。

（七）试剂与器材

1. 试剂
（1）0.9% NaCl 溶液。
（2）30% KOH 溶液。
（3）标准葡萄糖液（0.1mg/ml）。
（4）0.2% 蒽酮显示色液：于浓硫酸（A. R. 相对密度 1.84）100ml 中加蒽酮 0.2g，此试剂不稳定，以当日配用为宜，冰箱保存可用 2~3 天。

2. 器材　15ml 大试管，小架盘天平，刻度刻管 5.0ml、2.0ml、1.0ml，沸水浴锅，100ml 容量瓶，722 型分光光度计，手术剪刀，镊子，滤纸。

思　考　题

实验中有何体会？

（邬敏辰　程建青）

实验 14　血清甘油三酯测定

（一）目的与要求

了解血清在甘油三酯测定的原理，掌握测定方法。

（二）实验原理

血清中的甘油三酯经正庚烷-异丙醇混合溶剂抽提后，用 KOH 皂化，使甘油三酯的甘油游离，甘油经过碘酸钠氧化生成甲醛，甲醛在铵离子存在下与乙酰丙酮缩合生成黄色的二乙酰双氢二甲基吡啶，最后用光电比色计测定之。

$$\underset{\substack{\text{甘油三酯}}}{\begin{array}{l}CH_2OCOR\\|\\CHOCOR\\|\\CH_2OCOR\end{array}} \xrightarrow{3KOH} \underset{\substack{\text{甘油}}}{\begin{array}{l}CH_2OH\\|\\CHOH\\|\\CH_2OH\end{array}} + \underset{\substack{\text{脂肪酸钾}}}{3RCOOK}$$

$$\underset{\substack{}}{\begin{array}{l}CH_2OH\\|\\CHOH\\|\\CH_2OH\end{array}} \xrightarrow[\text{氧化}]{2NaIO_4} \underset{\substack{\text{甲醛}}}{2HCHO} + \underset{\substack{\text{甲酸}}}{HCOOH} + \underset{\substack{\text{碘酸钠}}}{2NaIO_3} + H_2O$$

$$\underset{\substack{\text{甲醛}}}{HCHO} + \underset{\substack{\text{乙酰丙酮}}}{2CH_3COH_2COCH_3} + NH_4OH \xrightarrow{-3H_2O}$$

二乙酰双氢 二甲基吡啶

$$\underset{\substack{\text{乙酰丙酮}}}{\begin{array}{l}CH_3\\|\\C=O\\|\\CH_2\\|\\C=O\\|\\CH_3\end{array}} \rightleftharpoons \underset{\substack{\text{烯醇式}}}{\begin{array}{l}CH_3\\|\\C=O\\|\\CH_2\\|\\C-OH\\|\\CH_3\end{array}}$$

(三) 操作步骤

取试管 3 支,按表 9-2 顺序操作。

表 9-2 血清甘油三酯测定操作表

试剂(ml)	管 号		
	测定管	标准管	空白管
血清	0.2	—	—
标准液(1mg/ml)	—	0.2	—
	—	—	—
抽提液	0.2	0.2	2.2
	边加边摇动,再振摇 3~5min		
0.04mol/L H₂SO₄	0.6	0.6	0.6
	沿管壁加入后,剧烈振摇 1min,静置等分成 2 层后,分别吸 0.2ml 上清液于另一试管中,再加入		
异丙醇	1	1	1
皂化剂	0.3	0.3	0.3
	混合均匀后置 60℃水浴 4min,取出加入		
氧化剂	1	1	1
	各管振摇混合,加入		
乙酰丙酮试剂	1	1	1

振摇充分混合,置 60℃水浴 20min,流水冷却,以空白管调零,721 型分光光度计比色,波长 420 nm,读取光密度读数:

（四）结果与计算

$$\frac{\text{测定管光密度读数}}{\text{标准管光密度读数}} \times 1.13 = \text{甘油三酯}(\text{mmol/L})$$

（五）应用意义

正常人血清甘油三酯水平有随年龄增长而升高的趋势,血清甘油三酯水平升高多见于糖尿病、肾病综合征、急性胰腺炎、原发性高甘油三酯血症及动脉粥样硬化等。

（六）注意事项

（1）做本试验,受检者一定要空腹12~14 h,因为在进食后1h甘油三酯水平开始升高,4~6 h升至最高。

（2）提取时充分摇匀静置,待完全分层后才能吸取上层液体,并注意不要带出下层液体,否则显色时将发生浑浊。

（3）皂化、氧化和显色的温度与时间对光密度均有影响,因此,每批标本都需做标准管,以减少实验误差。

（4）本法显色后不够稳定,故比色应在1h内完成。

（七）试剂与器材

1. 试剂

（1）抽提液:正庚烷:异丙醇 = 2:3.5($V:V$)。

（2）0.04mol/L H_2SO_4 溶液。

（3）皂化剂:取5g KOH溶于60ml水中,加异丙醇40ml,混合后置棕色瓶,室温保存。

（4）氧化剂:溶解77g无水乙酸铵于700ml水中,加入8ml乙酸和650mg过碘酸钠,再加水至1000ml,在室温中保存,至少可稳定6个月。

（5）乙酰丙酮试剂:取乙酰丙酮0.4ml,加异丙醇100ml,混匀置棕色瓶,室温保存至少2个月。

（6）标准液:精确称取甘油三酯1g,于100ml容量瓶中,加抽提液至刻度,成10mg/ml的贮存液。取10mg/ml贮存液用抽提液10倍稀释即得1mg/ml的标准应用液,置冰箱保存2个月稳定。

（7）异丙醇:AR。

2. 器材 刻度试管、试管、恒温水浴箱、振荡器、分光光度计等。

思 考 题

1. 甘油三酯测定原理是什么?

2. 测定过程中应注意些什么?

（程建青 冯 磊）

实验15 高密度脂蛋白中胆固醇含量测定

（一）目的与要求

通过高密度脂蛋白(HDL)中胆固醇含量的测定,了解高密度脂蛋白在脂类代谢中的作用。

（二）实验原理

磷钨酸-镁沉淀法：磷钨酸钠和氯化镁可沉淀血清中 CM、VLDL 及 LDL，经离心除去。然后测定上清液中所含的 HDL 中胆固醇含量。用抽提液（乙酸乙酯和无水乙醇混合液）提取胆固醇，再用三氯化铁和浓硫酸与胆固醇作用生成紫红色化合物，与同样处理的胆固醇标准液进行比色测得其含量。

（三）操作步骤

（1）取试管 7 支，分别标明 C 管、B 管、S 管、H^e 管、T^e 管、H 管、T 管。

（2）在离心管（C 管）中加入血清 0.5ml，磷钨酸钠 0.25ml，充分混合后再加氯化镁 0.25ml，充分混匀，4000r/min 离心 10 min，小心吸取上清液 0.2ml 于标明 H^e 的离心管中，作为 HDL 胆固醇抽提管。

（3）于另一标明 T^e（总胆固醇）的离心管中加血清及蒸馏水各 0.1ml。

（4）在 H^e 离心管及 T^e 离心管内各加抽提液 1ml，充分摇匀，4000r/min 离心 3min。各取 0.6ml 上清液于标明 H、T 的试管中，按下表操作，用作胆固醇的测定（表 9-3）。

表 9-3　高密度脂蛋白中胆固醇含量测定操作方法表

试剂（ml）	测定管（H）	测定管（T）	标准管（S）	空白管（B）
HDL 上清液	0.6	—	—	—
总胆固醇上清液	—	0.6	—	—
抽提液	—	—	—	0.5
胆固醇标准液	—	—	0.5	—
蒸馏水	—	—	0.1	0.1
显色液	1.5	1.5	1.5	1.5
		摇匀		
浓硫酸	1.5	1.5	1.5	1.5

旋转摇匀各管内容物，室温放置 10min 后使用分光光度计进行比色。用 B 管调零。分别读取各管 550 nm 处的光密度。

（四）结果与计算

$$HDL\ 胆固醇（mg/dl）= \frac{OD_H}{OD_S}×标准胆固醇标准液浓度×稀释倍数$$

$$总胆固醇（mg/dl）= \frac{OD_T}{OD_S}×标准胆固醇标准液浓度×稀释倍数$$

标准胆固醇标准液浓度 20mg/dl；稀释倍数 10；mmol/L＝mg/dl×0.0259

HDL 胆固醇正常值：

$$\begin{cases} 男<40\ 岁：0.78～1.53mmol/L（30～59mg/dl） \\ 女<40\ 岁：0.85～2.00\ mmol/L（33～77mg/dl） \end{cases}$$

(五) 应用意义

目前,许多研究结果表明,CM、LDL、VLDL 增高,具有促进动脉粥样硬化形成的作用,而 HDL 则有抗动脉粥样硬化形成的作用。

(六) 注意事项

1. 加磷钨酸钠后需充分混匀,再加氯化镁,否则磷钨酸钠和氯化镁作用形成稳定的复合物,致镁离子浓度降低,使 LDL 和 VLDL 沉淀不完全,造成结果偏高的误差。

2. 加显色液后需充分混匀,再沿管壁加浓硫酸,使 3 管散热情况相似。

(七) 试剂与器材

1. 试剂

(1) 磷钨酸钠溶液:磷钨酸 4g,加蒸馏水 70mg,稍热溶解,用 1mol/L NaOH 调节 pH 至 6 左右(大约消耗 1mol/L NaOH 5ml),加蒸馏水至 500ml。若产生混浊,则放置 2~3 天,待沉淀后取上清液,用 pH 计调节 pH 至 6.0~6.5。

(2) 0.1mol/L 氯化镁溶液。

(3) 显色液:溶解 $FeCl_3 \cdot H_2O$ 0.7g 于 1000ml 冰乙酸中。

(4) 胆固醇抽提液:乙酸乙酯与无水乙醇等量混合。

(5) 胆固醇标准液:精确称取胆固醇 20mg 于 100ml 容量瓶中,加抽提液溶解并稀释至刻度(0.517mmol/L)。

(6) 浓硫酸。

2. 器材 离心机及离心管、分光光度计、奥氏吸量管、刻度吸量管、试管。

思 考 题

高密度脂蛋白中胆固醇测定的主要原理和临床意义是什么?

(高上上)

实验 16 血清总胆固醇含量测定

(一) 目的与要求

了解血清总胆固醇测定方法的基本原理、正常值范围及临床意义,掌握血清胆固醇的提取及测定方法。

(二) 实验原理

无水乙醇既可使胆固醇溶解,又可使蛋白质变性沉淀,从而破坏胆固醇与蛋白质间的结合键,因此血清中的胆固醇用无水乙醇可全部提取。向提取液中加入硫磷铁试剂,胆固醇与浓硫酸及三价铁作用,生成较稳定的紫红色磺酸化合物,与同样处理的标准液进行比色,即可求得其含量。

（三）操作步骤

（1）取小试管1支,吸取0.1ml血清放于管底,对准血清吹入无水乙醇2.4ml,使蛋白质分散成细小的沉淀颗粒,用力振摇10s后,放置5min再摇匀之,以2000r/min离心10min。将上清液移入另一洁净干燥的小试管中备用。

（2）另取洁净干燥的试管3支,标明测定管、标准管和空白管,按表9-4操作。

表9-4 血清总胆固醇含量测定操作表

试剂(ml)	测定管	标准管	空白管
抽提上清液	2.0	—	—
胆固醇标准应用液(0.04g/L)	—	2.0	—
无水乙醇	—	—	2.0
显色液*(硫磷铁剂)	2.0	2.0	2.0

*加显色液时,应逐管沿管壁慢慢加入,与乙醇液分成两层后立即迅速振摇20次,置冷却10min,于520nm进行比色,以空白管调零测定各管光密度。

（四）结果与计算

$$血清总胆固醇(mg/dl) = \frac{测定管光密度}{标准管光密度} \times 0.04 \times 2.0 \times \frac{100}{0.08} = \frac{测定管光密度}{标准管光密度} \times 100$$

$$血清总胆固醇(mg/dl) = 血清总胆固醇(mg/dl) \times \frac{10}{386.66} = 血清总胆固醇(mg/dl) \times 0.0259$$

（五）应用意义

用本法测定的正常人空腹时血清总胆固醇含量为2.8~5.7mmol/L。当患甲状腺功能减退、动脉粥样硬化、严重糖尿病、阻塞性黄疸及肾病综合征时,血清总胆固醇含量增高。相反,当患有甲状腺功能亢进及严重肝脏疾患时,其含量降低。

（六）注意事项

（1）显色反应与硫磷铁试剂混合时的产热程度有关(>80℃)。因此,所用试管的口径及厚度要一致。沿管壁向各管加入硫磷铁试剂,待与乙醇分成两层后,立即混合(振摇或旋转20次),不可3管加完后再混合(混合的手法强度要一致)。

（2）低温时,胆固醇在乙醇中的溶解度降低,因而用无水乙醇抽提胆固醇须在10℃以上的室温中操作为宜。

（3）胆固醇的显色反应受水分的影响很大。因此,所用的试管、吸管与比色杯均须干燥。浓硫酸放置日久,因吸水而使呈色反应降低。

（4）胆固醇必须为纯、白色干粉,如发现结块、变色、则须重结晶。

（5）胆固醇标准贮存液及应用液均采用无水乙醇配制,必须密塞瓶口、低温保存,以防溶剂挥发。

（6）硫磷铁试剂由浓硫酸、浓磷酸配制,操作中要注意安全。比色时要防止比色液溢出比色槽而损坏仪器。实验完成后,吸管应立即浸入水中清洗。

（七）试剂与器材

1. 试剂

（1）胆固醇标准贮存液（g/L）：精确称取干燥重结晶胆固醇100mg，溶入约80ml无水乙醇中（可稍加温助溶）。待冷却至室温后，移入容量瓶中，并以少量无水乙醇冲洗容器，洗液并入容器瓶内，最后以无水乙醇补足至100ml定容。贮存在棕色瓶中，密塞瓶口，置4℃冰箱内保存。配制应用液时，应先恢复至室温。

（2）胆固醇标准应用液（0.04g/L）：取少量（约6～8ml）标准贮存液至室温后，取4ml放入100ml容量瓶内，用无水乙醇定容至刻度，充分混匀，贮存于棕色瓶中，置冰箱内保存备用（注意：每次使用前应升至室温，并充分混匀后才能使用）。

（3）铁贮存液：称取三氯化铁（$FeCl_3 \cdot 6H_2O$）2.5g，溶于约50ml 870g/L浓磷酸，并定容至100ml，混合均匀，贮于棕色瓶内，塞紧瓶口，室温内可长期保存。

（4）显色液：取铁贮存液8ml放烧杯内，加入浓硫酸（AR）至100ml，混匀。此液在室温中可保存6～8周。

（5）无水乙醇（AR）。

2. 器材 试管、刻度吸管、离心机、分光光度计等。

思 考 题

1. 血清胆固醇正常值及临床意义有哪些？
2. 测定时应注意哪些事项？

（彭 森 汪家敏）

实验17 乳酸测定

Ⅰ. 肌肉兴奋前后的乳酸测定

（一）目的与要求

经实验证实肌肉兴奋后生成乳酸，从而证明糖酵解作用。

（二）实验原理

肌肉和其他组织中糖原或葡萄糖在无氧条件下，受复杂的糖酵解酶体系的催化，产生乳酸，同时释放能量。此过程称糖酵解作用。

糖酵解的终产物乳酸在浓硫酸作用下分解为乙醛，再与对羟联苯生成复合物经氧化后出现紫红色，借此可以鉴定乳酸的生成，从而证明糖酵解作用的进行。

（三）操作步骤

1. 糖酵解　取新鲜蟾蜍两小腿对应的腓肠肌 2 块,一块立即放入研钵中加入 0.6mol/L 三氯乙酸 3ml,用少许细砂研成匀浆。另一块肌肉用电子刺激器持续刺激 15min,立即放入研钵中,加 0.6mol/L 三氯乙酸 3ml,用少许细砂研成匀浆。

2. 沉淀糖　两研钵中各加入 0.2g Ca(OH)$_2$ 及饱和 CuSO$_4$ 溶液 10 滴,混匀后,放置 20min,使糖沉淀。内容物分别置离心管中 3000r/min 离心 5min。

3. 乳酸的鉴定　各取上清液 1 滴分别置于清洁干燥的两试管中(不可多取),另取 1mol/L 标准乳酸 1 滴于第三试管中,各管小心滴加浓硫酸 1ml,摇匀后置沸水浴中加热 15min。取出冷却,加入 10g/L 对羟联苯 2 滴,摇匀后在 37℃ 水浴中保温 30min,再置沸水浴 中 1min 取出,比较 3 管的颜色深浅。

（四）应用意义

测定肌肉糖酵解作用的强弱。

（五）注意事项

在肝脏研磨时要研磨彻底。使用浓硫酸要小心。

（六）试剂与器材

1. 试剂

（1）0.6mol/L 三氯乙酸(10%)。

（2）饱和硫酸铜。

（3）Ca(OH)$_2$。

（4）10g/L 对羟联苯溶液:溶 1.0g 对羟联苯于 1.25mol/L NaOH(5%)溶液 10ml 中,加水少许,加温并搅拌,用水稀释至 100ml,存于棕色瓶中,储于冰箱。.

（5）1mol/L 标准乳酸。

（6）浓硫酸。

2. 器材　剪刀、研钵、细砂、肌肉电刺激器、滤纸、试管、水浴锅、电炉等。

Ⅱ. 运动对血中乳酸含量的影响

（一）目的与要求

肌肉剧烈运动时,造成肌细胞氧的供应相对不足,使细胞内糖的无氧酵解增强,产生大量乳酸并透过细胞膜入血。因此,通过运动前后血中乳酸浓度的测定,可观察运动对糖代谢的影响。本实验中采用 Barker & Summerson 改良法测定末梢血乳酸。

（二）实验原理

将血液中蛋白质除去后,加浓硫酸烘热,使乳酸变成乙醛。当铜离子存在时,乙醛与对羟基联苯作用呈紫红色。用同法处理标准溶液,比色求含量。

（三）操作方法

1. 受试者运动及血样处理　受试者在安静状态下取末梢血(运动前血),然后反复快速下蹲运动至下肢发酸或跑步200m后即取末梢血(运动后血)。

分别取运动前后之末梢血0.02ml,立即吹入含有0.24mol/L NaF 0.48ml 的试管中,加入0.6mol/L 三氯乙酸1.5ml,充分摇匀,3000r/min 离心10min,分出上清液,分别取1.0ml 放于两支干燥洁净试管中,标"运动前"、"运动后"。

2. 乳酸标准管制备　取试管6支,编号,按表9-5加入试剂,并将各管充分摇匀。

表9-5　乳酸标准管制备方法

试　剂(ml)	标　准　管					空　白　管
	1	2	3	4	5	
0.24mol/L NaF(1%)	0.20	0.15	0.10	0.05	—	0.25
标准乳酸应用液	0.05	0.10	0.15	0.20	0.25	—
0.6mol/L 三氯乙酸	0.75	0.75	0.75	0.75	0.75	0.75

3. 测定　向上述6支试管中分别加入下列试剂。

(1) 0.16mol/L $CuSO_4 \cdot 5H_2O$(4%)4滴,混匀,然后在冰浴中加入浓 H_2SO_4 6ml,边加边摇匀,置于沸水浴中加热4min,立即放在冷水中使其冷却至15℃以下。

(2)各管加对羟基联苯6滴,立即摇匀,使白色絮状物散失。再放置30℃水浴中保温30min,每10min摇动试管1次,再置于沸水浴中加热90s(时间必须控制准确),取出置冷水中使其冷却至室温。

(3)用560nm波长比色(比色杯光径1cm),记录各管的吸光度。

(4)标准曲线绘制:以各标准管的吸光度值为纵坐标,相应各管乳酸含量为横坐标,绘制标准曲线。

以测定管吸光度读数查找标准曲线,求得血中乳酸含量。

（四）结果与计算

不作标准曲线时,可以用与测定管同样操作的标准管按下式计算血乳酸含量:

$$血乳酸(mmol/L) = \frac{测定管吸光度}{标准管吸光度} \times 标准管含量 \times \frac{100}{\dfrac{0.02}{2} \times 1} \times \frac{10}{112.07}$$

正常安静时血乳酸含量为1.1~2.2mmol/L。

（五）应用意义

测定肌肉糖酵解作用的强弱。

（六）注意事项

1. 采血时应避免挤压,采好后立即吹入0.24mol/L NaF,并立即加入0.6mol/L 三氯乙酸摇匀。

2. 浓 H_2SO_4 要用保证试剂,滴加时最好在旋涡混匀器上进行。

3. 加入对羟基联苯要立即混匀,成小颗粒。

(七) 试剂与器材

1. 试剂

(1) 0.24mol/L NaF(1%)。

(2) 0.6mol/L 三氯乙酸(10%)。

(3) 0.16mol/L $CuSO_4 \cdot 5H_2O$(4%)。

(4) 浓 H_2SO_4(比重1.838,G.R.)。

(5) 对羟基联苯液:称取对羟基联苯1.5g,用0.125mol/L NaOH(0.5%)溶液加热溶解,再以0.125mol/L NaOH稀释至100ml。

(6) 乳酸贮存标准液(1mg/ml):称取无水乳酸锂106.5mg,溶于50ml蒸馏水中,加1mol/L硫酸20ml,加水至100ml。置于冰箱内保存。

(7) 乳酸应用标准液(20μg/ml):取上溶液2ml,以蒸馏水稀释至100ml,当天配用。

2. 器材 吸管、试管、坐标纸、水浴锅、电炉、恒温水浴锅、分光光度计等。

Ⅲ. 运动对尿乳酸含量的影响

(一) 目的与要求

本实验通过观察运动前后尿中乳酸含量的变化,证实当氧气供应相对缺乏时,糖的无氧酵解作用加强。

(二) 实验原理

乳酸是机体糖酵解作用的终产物,在缺氧或休克时糖酵解作用增强,血乳酸含量增高,尿乳酸也随之增加。因此乳酸的测定可作为检验糖酵解强度的指标。当机体剧烈运动时,肌肉组织因相对缺氧而糖酵解作用加强,产生大量乳酸。大部分乳酸由血液运至肝脏进行糖异生,一部分可经肾由尿排出。乳酸在浓硫酸中加热氧化成乙醛,乙醛与白黎芦素结合呈红色反应,尿中乳酸浓度愈高,所生成的颜色就愈深。

(三) 操作步骤

(1) 志愿受试者于实验前多饮水以利尿。实验前先排空尿液,弃去,然后静坐在实验室内约20min后收集尿液作为运动前的对照。

(2) 受试者中速跑步400~800m后20min再收集尿液。

(3) 加水调节两次尿液标本成相同体积。

(4) 取中号试管2支,标号。分别取两种尿液标本各5ml,各加饱和硫酸铜溶液0.5ml、粉状氢氧化钙0.5g,充分混匀后离心,收集上清液。

(5) 按表9-6操作。

(6) 比较两管颜色,并解释结果。

表 9-6　运动对尿乳酸含量影响测定的操作方法

试　　剂	管　号	
	1	2
运动前尿(滴)	10	—
运动后尿(滴)	—	10
置冷水中冷却约 2min		
浓硫酸(ml)	3	3
置沸水浴中加热 5min,再放冷水中冷却 3min		
白黎芦素乙醇溶液(滴)	2	2

（四）应用意义

测定肌肉糖酵解作用的强弱。

（五）注意事项

尿液中的糖类可以干扰乙醛与白黎芦素的呈色反应,$CuSO_4$ 与 $Ca(OH)_2$ 作用生成的 $CaSO_4$ 和 $Ca(OH)_2$ 胶状沉淀,可吸附糖类而去除样本中糖的干扰。

（六）试剂与器材

1. 试剂

（1）1.25g/L 白黎芦素(邻二甲氧基苯)乙醇溶液。

（2）浓 H_2SO_4。

（3）饱和硫酸铜溶液:硫酸铜 20g 置于蒸馏水 50ml 中,加热使其溶化,冷却后有结晶析出,上清液即为饱和溶液。

（4）$Ca(OH)_2$ 粉末。

2. 器材　滴管、吸管、试管、离心机、电炉、水浴锅等。

思　考　题

测定乳酸的主要原理是什么?

（孙自玲）

实验 18　血中葡萄糖含量的测定

Ⅰ. 葡萄糖氧化酶法测血糖

（一）目的与要求

掌握葡萄糖氧化酶法测定血糖的原理及方法,了解血糖测定的临床意义及正常值。

（二）实验原理

葡萄糖氧化酶(GOD)催化葡萄糖氧化生成葡萄糖酸和过氧化氢(H_2O_2),再加入过氧化物酶(POD)和色原性氧受体(如联大茴香胺,4-氨基安替比林偶联酚等),生成有色化合物,比色定量。

$$C_6H_{12}O_6+O_2+H_2O \xrightarrow{GOD} C_6H_{12}O_7+H_2O_2$$

$$H_2O_2+4\text{-}氨基安替比林+苯酚 \xrightarrow{POD} 红色醌类化合物+H_2O$$

(三) 操作步骤

取试管 3 支,标明测定管、标准管及空白管,按表9-7操作。

表 9-7 葡萄糖氧化酶法测血糖操作表

加入物	测定管	标准管	空白管
血清(血浆)	20μl	—	—
葡萄糖标准液(5.55mmol/L)	—	20μl	—
蒸馏水	—	—	20μl
酶混合试剂	4.0ml	4.0ml	4.0ml

混匀后,置37℃水浴保温15min,冷却至室温,505nm波长比色,空白管调零,读取各管吸光度。

(四) 结果与计算

$$葡萄糖(mmol/L) = \frac{测定管吸光度}{标准管吸光度} \times 5.55$$

正常值参考范围:3.89~6.11mmol/L。

(五) 应用意义

正常人血糖的来源及去路保持动态平衡,由于各种因素使这种平衡失去以后,则出现高血糖或低血糖。

1. 生理性高血糖　进食后 1~2h;注射葡萄糖后;情绪紧张等。

2. 病理性高血糖

(1) 胰岛素不足:胰岛素相对或绝对不足,临床表现为糖尿病。

(2) 升高血糖的激素分泌增加:如甲状腺功能亢进、肾上腺皮质机能亢进、胰岛 α-细胞瘤等。

(3) 间接由于脱水引起的高血糖:如呕吐、腹泻、高热等。

3. 生理性低血糖　饥饿、注射胰岛素后、口服降糖药物后等。

4. 病理性低血糖

(1) 胰岛素分泌过多:如胰岛 β-细胞瘤等。

(2) 升高血糖的激素分泌减少:如甲状腺功能减退、肾上腺皮质功能减退等。

(3) 血糖来源减少:如长期营养不良、肝炎等。

(4) 血糖损失过多:如肾小管中毒性糖尿。

(六) 注意事项

(1) 葡萄糖氧化酶高特异性催化 β-D-葡萄糖,而葡萄糖在水溶液中 α 和 β 构型各占

36%和64%。要使葡萄糖完全反应,必须使 α-葡萄糖变旋为 β 构型。无水葡萄糖结晶属 α 型,溶于水后发生变旋光作用,2h 后 α 型和 β 型的比例才达到平衡状态。因此,葡萄糖标准液必须在葡萄糖溶解 2h 后才能使用。

(2)葡萄糖氧化酶法可直接使用血清或血浆,但严重黄疸、溶血及乳糜样血清应先制备无蛋白滤液,然后再进行测定。

(3)葡萄糖氧化酶法不能直接用于尿标本的测定。

(七)试剂与器材

1. 试剂

(1)磷酸盐缓冲液(pH 7.0):0.2mmol/L 磷酸氢二钠 61ml,0.2mol/L 磷酸二氢钾 39ml,混匀。

(2)酶试剂:葡萄糖氧化酶 400 U,过氧化物酶 0.6mg,4-氨基安替比林 10mg,叠氮钠 100mg,加磷酸盐缓冲液至 100ml,测定 pH,应在 7.0±0.1,冰箱保存。

(3)酚溶液:称苯酚 100mg 溶于 100ml 蒸馏水中。

(4)酶混合试剂:取酶试剂与酚溶液等量混合即可。

(5)0.2 mol/L 苯甲酸溶液:称取 2.5g 苯甲酸,加蒸馏水溶解至 1000ml。

(6)葡萄糖标准贮存液(55.5 mmol/L):称取无水葡萄糖,置于洁净烧杯内,于 40~50℃烘干,置干燥器中至恒重。准确称取 1.0g 此葡萄糖,加 0.02mol/L 的苯甲酸溶液 50ml 溶解,移入 100ml 容量瓶中,用 0.02mol/L 苯甲酸溶液稀释至刻度,冰箱保存。

(7)葡萄糖标准应用液(5.55 mmol/L):准确吸取葡萄糖标准贮存液 1.0 ml,加入 10 ml 容量瓶内,以 0.02 mol/L 苯甲酸稀释至刻度。

(8)新鲜血清或血浆。

2. 器材 试管及试管架、水浴箱、刻度吸管、分光光度计。

思 考 题

1. 葡萄糖氧化酶法为什么不能直接用于尿标本的测定?
2. 本实验在操作过程中有哪些注意事项?

(马 洁 赵 燕)

Ⅱ. 邻甲苯胺法测定血糖

(一)目的与要求

(1)掌握邻甲苯胺法测定血糖的原理。
(2)熟悉血糖测定的操作过程。

(二)实验原理

血样中的葡萄糖在酸性环境中加热时,脱水生成 5-羟甲基-α-呋喃甲醛(羟甲基糖醛),后者与邻甲苯胺缩合成蓝色的醛亚胺(Schiff 碱),颜色深浅与葡萄糖含量成正比。利用此呈色反应,可根据待测血样光密度值,从葡萄糖标准曲线上求得样品中葡萄糖的含量。

（三）操作步骤

（1）新鲜抗凝全血样品 2500r/min 离心 15min，分离血浆备用。

（2）取干燥洁净的 20ml 试管 6 支，编号，按表 9-8 操作。

表 9-8　邻甲苯胺法测定血糖操作表

试剂（ml）	试 管 号					
	空白管	测定管	1	2	3	4
血浆样品	—	0.10	—	—	—	—
葡萄糖标准液（0.2mg/ml）	—	—	0.25	0.50	0.75	1.00
蒸馏水	1.0	0.9	0.75	0.50	0.25	—
邻甲苯胺试剂	2.0	2.0	2.0	2.0	2.0	2.0

（3）混匀各管置沸水浴中加热 10min 后，取出，用流水冷却。

（4）以空白管校正吸光度零点，读取各管 620nm 波长的吸光度。

（5）以 1、2、3、4 管吸光度作纵坐标，葡萄糖含量作横坐标，绘制出标准曲线。

（6）根据测定管吸光度读数，从标准曲线上查得 0.1ml 血浆中葡萄糖含量，然后再计算出 1000ml 被检血浆中葡萄糖含量。

（7）根据下式也可计算出每升血浆中葡萄糖含量。

$$\text{血糖（mmol/L）} = \frac{\text{测定管吸光度}}{\text{标准管吸光度}} \times \text{标准管浓度} \times \frac{1000}{0.1 \times 180}$$

本法的空腹血糖正常值为 3.9～5.6 mmol/L。

（四）注意事项

（1）本法不需要除去蛋白质，邻甲苯胺试剂只与糠醛起反应，不与血中其他还原性物质起反应，故测定值较 Folin-吴法为低。

（2）邻甲苯胺试剂中冰乙酸浓度很高，使用不慎容易损坏比色仪器。

（3）此法受煮沸时间、比色时间等因素的影响，故测定时样品煮沸时间和比色时间必须与标准管一致。

（五）试剂与器材

1. 试剂

（1）新鲜血液样品（抗凝）。

（2）标准葡萄糖溶液（0.2mg/ml）。

（3）邻甲苯胺试剂：硫脲（A.R.）2.5g 溶于冰乙酸（A.R.）750ml 中。将此溶液移入 1000ml 容量瓶中，加邻甲苯胺 150ml、0.4mol/L 硼酸溶液 100ml，加冰乙酸定容至 1000ml。置棕色瓶中，可保存 2 个月。

2. 器材　试管及试管架、刻度吸量管、722 分光光度计。

思　考　题

1. 简述本实验测定血糖的原理。

2. 血糖测定的临床意义主要有哪些？

（汪家敏）

第 10 章 核　　　酸

实验 19　细胞核的分离和纯化

(一) 目的与要求

掌握细胞核的分离和纯化的一般原理和操作方法。

(二) 实验原理

柠檬酸能抑制脱氧核糖核酸酶的活性,维持染色质中 DNA 的正常结构与活性,将肝组织剪碎后,在柠檬酸溶液中制备匀浆,使肝细胞破碎而获得无细胞悬液。如将此种细胞核保存在等渗(0.25mol/L)蔗糖溶液中(内含微量 Ca^{2+},以防止核聚集并减少细胞核的脆性),可以较好地保持其完整的正常结构。

在此条件下离心分离得到的仅是细胞核的粗制品,如离心时通过 0.88 mol/L 或更高浓度(通常用 2.2 mol/L)的高渗溶液,适当调整离心力,即可得到纯化的细胞核沉淀。

(三) 操作步骤

1. 肝匀浆的制备　新鲜大鼠肝以 0.15 mol/L NaCl 充分洗净后,用滤纸吸干水分,除去结缔组织并剪碎,称取 0.5g 肝组织加 9 份体积的 0.08mol/L 柠檬酸溶液,制成匀浆。将匀浆液用双层 200 目尼龙布过滤 3 次,滤去残渣。

2. 分离细胞质与细胞核

(1) 将匀浆液 4.5ml 倒入离心管中,用 4000r/min 离心 20～30min,将含细胞质的上清液移入一试管中备用。

(2) 沉淀中加入 0.25mol/L 蔗糖-柠檬酸溶液 1ml,玻棒搅匀。此为核悬液。

(3) 另取离心管 1 支,加 0.88mol/L 蔗糖-柠檬酸溶液 5ml,用滴管取核悬液,沿管壁缓缓铺于液面上,2000r/min 离心 10min,弃去上清液,沉淀即为初步纯化的细胞核。

(4) 用 5ml 核洗液洗涤沉淀,再以 2000r/min 离心 10min,弃去上清液,再重复沉淀 1次,白色沉淀即为纯化的肝细胞核。

(5) 用玻棒蘸取少许沉淀,涂片作形态鉴定,其余加 0.02mol/L NaOH 5ml 使细胞核溶解为核悬液(见图 10-1)。

3. 细胞核形态鉴定　核涂片自然干燥后,用苏木精染色液染色 2min,用自来水冲洗,晾干。再用伊红染色液复染 3～5min,自来水冲洗,晾干。于显微镜下观察核的形态。

(四) 结果与计算

澄清透明的为细胞质,乳白色沉淀为细胞核悬液,用于下一次实验。

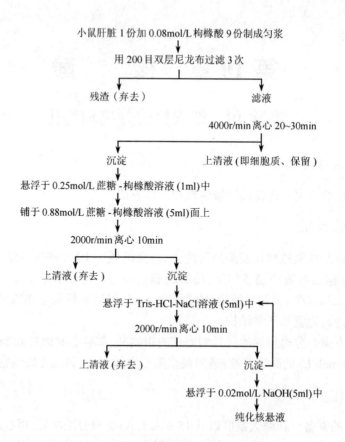

图 10-1　分离细胞核与细胞质的流程

(五) 应用意义

核酸是构成生物体最主要的组成成分之一,并和蛋白一起构成生命的主要物质基础。它是遗传信息及基因表达的物质基础,在生物种族遗传、生长繁殖和分化发育等方面起着决定性的作用。此外,它与生命的异常活动如肿瘤发生、放射损伤以及抗癌、抗病毒药物的作用机制等也有着密切的关系。

因此,目前核酸的研究已成为生物化学、分子生物学、医学及农学等学科的重点研究课题,也是现代生物学中最活跃的研究领域。但不论是研究核酸的理化性质,还是研究核酸的结构和功能,首先就是需要对核酸进行分离纯化和鉴定,因此,核酸的制备及分析是研究核酸的前提和基础。

(六) 注意事项

(1) 红细胞与细胞核大小相似,且与核一起沉淀,不易分离,故在用 0.15mol/L NaCl 洗去血液时,务必将血液洗净。

(2) 制备匀浆和细胞核悬液稀释所用的体积比例,一定要准确,以便定量测定。

(3) 梯度离心时,转速不能过快,加速及减速均要缓慢进行,以避免两层混合。

（七）试剂与器材

1. 试剂

（1）0.15mol/L NaCl 溶液（0.9%）。

（2）0.08mol/L 柠檬酸溶液（1.5%）。

（3）0.25mol/L 蔗糖-柠檬酸溶液（含 3.3mmol/L CaCl₂）：蔗糖 86g，CaCl₂ 363mg，用 0.08mol/L 柠檬酸溶解并定容至 1000ml。

（4）0.88mol/L 蔗糖-柠檬酸溶液（含 3.3mmol/L CaCl₂）：蔗糖 301g，CaCl₂ 363mg，用 0.08mol/L 柠檬酸溶解并定容至 1000ml。

（5）核洗液：0.05mol/L Tris-HCl（pH7.5）-0.15mol/L NaCl 溶液，在 0.2mol/L Tris-HCl（pH7.5）缓冲液 250ml 中，加 NaCl 8.7g，再用蒸馏水稀释至 1000ml。

（6）0.02mol/L NaOH。

（7）苏木精染色液：苏木精 1g 溶于 10ml 无水乙醇中，另取钾明矾 20g 溶于 200ml 水中，加热溶解，冷却后，将苏木精乙醇溶液倒入，混匀。再加热 5min，自来水冲冷。

（8）伊红染色液：伊红 0.5g 溶于 80% 乙醇溶液中。

2. 主要器材 解剖用工具（手术剪、无齿镊、解剖刀、弯盘），匀浆器，离心机，显微镜，载玻片等。

思 考 题

1. 本实验中分离细胞核的原理是什么？
2. 什么叫密度梯度离心？它的优点是什么？

（姜 智）

实验 20 核酸含量的测定

（一）目的与要求

了解测定 DNA 和 RNA 含量的原理和方法。通过分别测定细胞质和细胞核中两类核酸的含量，了解 DNA 和 RNA 在细胞中的分布。

（二）实验原理

天然核酸分为 DNA 和 RNA 两大类。这两类核酸在化学结构、分子组成、细胞内分布及生物学功能等方面都有区别。DNA 主要分布于核内，而 RNA 在细胞质中含量丰富。

RNA 在碱性溶液中水解后，其核糖部分可脱水形成糠醛，后者能和苔黑酚（Orcinol，3,5-二羟基甲苯）缩合成绿色化合物，从而可以进行定量测定。

DNA 在过氯酸溶液中加热水解后，其脱氧核糖部分可脱水生成 ω-羟基-γ-酮戊醛等化合物，然后再进一步与二苯胺作用，可产生蓝色化合物，其化学性质不明，但可用于定量测定 DNA。

（三）操作步骤

1. RNA 含量测定

（1）碱水解：取离心管 2 支，编号。1 号管加入细胞质和 1mol/L KOH 各 1ml，2 号管加入核液和 1 mol/L KOH 各 1ml。分别混匀，置沸水浴中 10min，取出冷却。分别加 0.3mol/L 三氯乙酸 4ml，搅匀，使 DNA 及蛋白质沉淀，3000r/min 离心 5min，上清液为 RNA 的碱水解液。

（2）显色及比色：取试管 3 支，编号。按表 10-1 加入试剂立即混匀，置沸水浴中 10min，取出冷却，在 660nm 波长处比色。以第 3 管作空白，读取光密度，查 RNA 标准曲线，获得细胞质和细胞核水解液中 RNA 的含量。

表 10-1　RNA 含量测定显色及比色时试剂加入方法

试剂(ml)	管　号		
	1	2	3
细胞质水解液	1.0	—	—
核水解液	—	2.0	—
0.3 mol/L 三氯乙酸	1.0	—	2.0
苔黑酚液	3.0	3.0	3.0

（3）RNA 标准曲线的制作：

1）RNA 标准液配制：准确称取 RNA 0.4mg 溶解于 0.15mol/L NaCl 1.0ml 中，加等量 1mol/L KOH。置沸水浴 10min 使其水解，取出冷却后，加入 1.0mol/L 三氯乙酸 5ml，配成 50μg/ml 之标准液。

2）标准曲线制作：取试管 6 支，编号，按表 10-2 加入试剂，混匀后置于沸水浴中 10min，取出冷却，以 660nm 波长比色。用第 6 管作空白，读取各管光密度。以各标准管 RNA 含量为横坐标，光密度为纵坐标，画出标准曲线。

表 10-2　RNA 标准曲线制作时试剂加入方法

试剂(ml)	管　号					
	1	2	3	4	5	6
RNA 标准溶液(50mg/ml)	2.0	1.6	1.2	0.8	0.4	
0.3mol/L 三氯乙酸	—	0.4	0.8	1.2	1.6	2.0
苔黑酚溶液	3.0	3.0	3.0	3.0	3.0	3.0
RNA 含量(μg)	100	80	60	40	20	0

2. DNA 含量测定

（1）酸水解：取离心管 2 支，编号。1 号管加入细胞质和 1mol/L 过氯酸各 2ml，2 号管加入核液和 1mol/L 过氯酸各 2ml。分别于 95℃加热水解 10min，倒出冷却，3000r/min 离心 5min，上清液为 DNA 水解液。

（2）显色及比色：取试管 3 支，编号，按表 10-3 加入试剂立即混匀，置沸水浴中加热 12min，取出冷却后，在 595nm 波长处比色。以第 3 管作空白，读取光密度，查 DNA 标准曲线,即获得细胞质和细胞核水解液中 DNA 的含量。

表 10-3 DNA 含量测定显色及比色时试剂加入方法

试剂(ml)	管 号		
	1	2	3
细胞质水解液	2.0	—	—
核水解液	—	2.0	—
0.5 mol/L 过氯乙酸	—	—	2.0
二苯胺试剂	2.0	2.0	2.0

（3）DNA 标准曲线的制作：

1）DNA 标准液配制：4mgDNA 溶解于蒸馏水 1ml 中,浸泡过夜,搅拌溶解,加 1mol/L 过氯酸 1mL,置 95℃水浴中水解 10min,取出冷却,加 0.5mol/L 过氯酸 6ml,配成 0.5mg/ml 标准液。

2）标准曲线制作：取试管 7 支,编号,按表 10-4 加入试剂,立即混匀,置沸水浴中 12min,取出冷却,在 595nm 波长处比色。以第 7 管调零,读取各管光密度。以各管 DNA 含量为横坐标,光密度为纵坐标,画出标准曲线。

表 10-4 DNA 标准曲线制作时试剂加入方法

试剂(ml)	管 号						
	1	2	3	4	5	6	7
DNA 标准溶液(0.5mg/ml)	2.0	1.6	1.2	0.8	0.4	0.2	—
0.5mol/L 过氯乙酸	—	0.4	0.8	1.2	1.6	1.8	2.0
二苯胺试剂	4.0	4.0	4.0	4.0	4.0	4.0	4.0
DNA 含量(mg)	1.0	0.8	0.6	0.4	0.2	0.1	0

（四）结果与计算

（1）样品中 RNA 含量(μg/ml)＝碱水解液中 RNA 含量(μg/管)×稀释倍数(细胞质稀释 6 倍,核液稀释 3 倍)。

（2）样品中 DNA 含量(mg/ml)＝酸水解液中 DNA 含量(mg/管)×稀释倍数(细胞质与核液均稀释 2 倍)÷细胞质与核液的实际用量(均为 2ml)。

（3）分别计算出细胞质和细胞核中 RNA：DNA 的比值。

（五）应用意义

利用此法可对细胞中的遗传物质 RNA 或 DNA 作定量测定,从而为临床上一些有关核酸的分离测定技术提供一种必要的补充手段。

（六）注意事项

（1）RNA 和 DNA 分别用碱和酸水解及离心后,吸取上清液时要尽量避免将沉淀吸入,否则会引起结果的误差。

（2）在计算样品中 RNA 和 DNA 含量时,要注意样品的稀释倍数。

（3）在比色时，要注意用于 RNA 和 DNA 的波长是不同的。

（七）试剂与器材

1. 试剂

（1）测定 RNA 含量的试剂：

1）1mol/L KOH。

2）0.3mol/L 三氯乙酸。

3）苔黑酚试剂：取比重 1.19 HCl 100ml，加入 $FeCl_3 \cdot 6H_2O$ 100mg 及重结晶苔黑酚 100mg，混匀溶解后，置于棕色瓶中。此试剂可用 1 周，颜色变绿即已变质，不能应用。市售之苔黑酚往往不纯，必须用苯重结晶 1~2 次，必要时用活性炭脱色方可使用。

（2）测定 DNA 含量的试剂：

1）1mol/L 过氯酸：取 700g/L 过氯酸 8.57ml，加蒸馏水至 100ml。

2）0.5mol/L 过氯酸：取 1mol/L 过氯酸用蒸馏水稀释 1 倍。

3）二苯胺试剂：结晶二苯胺 1g 溶于 100ml 冰乙酸中，再加入浓 H_2SO_4 2.75ml。

2. 器材 沸水浴、离心机、分光光度计。

思 考 题

1. 本实验中，测定 RNA 和 DNA 含量的原理是什么？
2. 核酸在细胞质和细胞核中的分布有何特点？

（姜　智）

实验 21　酵母 RNA 的提取及组分鉴定

（一）目的与要求

了解 RNA 提取的原理，掌握 RNA 组分鉴定的方法。

（二）实验原理

酵母细胞中所含的核酸主要是 RNA，DNA 含量很少，故本实验采用酵母提取 RNA。由于酵母细胞中所含的核蛋白不溶于水和稀酸，但能溶于稀碱，所以先用稀碱加热煮沸处理，使 RNA 成为可溶性的钠盐而与酵母中其他的成分分离。然后加乙醇沉淀溶液中的 RNA，最后加酸将其完全水解，并用下列方法鉴定其中组分。

（1）钼酸铵试剂与无机磷酸结合生成的磷钼酸易被还原生成钼蓝，以鉴定核酸中的磷。

（2）3,5-二羟基甲苯与核糖在浓酸中共热呈绿色，以鉴定核糖的存在。

（3）嘌呤碱与硝酸银共热产生褐色的嘌呤银沉淀，以鉴定嘌呤的存在。

（三）操作步骤

1. 酵母中 RNA 的制备

（1）取 1g 干酵母置研钵中，加入 0.04mol/L NaOH 7.5ml，磨 3~5min，使其成匀浆。

（2）将酵母匀浆倒入 1 支大试管中,在沸水中加热 30min。

（3）把大试管中匀浆分别放入 2 支小试管中,配平。

（4）2000r/min 离心 15min,将两上清液分别倒入另两小试管中,弃去沉淀。

（5）各加 3mol/L HAc 2 滴,立即摇匀酸化,用石蕊试纸检查。

（6）上述溶液猛力摇匀后,徐徐倒入两支各盛有 5ml 酸性乙醇的试管中,即有白色沉淀析出。

（7）2000r/min 离心 15min,倾去上清液,作下一步实验。

2. RNA 的水解　两管沉淀物中各加入 1.5mol/L H_2SO_4 2.5ml 后合并,沸水浴 10min,使其充分水解。

3. RNA 组分鉴定（取试管 3 支编号）

（1）磷酸试验:1 号管,取钼酸铵试剂 10 滴,加 RNA 水解液 10 滴摇匀,再加 4% 维生素 C 6 滴混匀后,置沸水浴中加热 5~10min,观察颜色变化。

（2）核糖试验:2 号管,取 3,5-二羟基甲苯试剂 6 滴,加 RNA 水解液 10 滴摇匀后,置沸水浴中加热 5~10min,观察颜色变化。

（3）嘌呤试验:3 号管,取 5% $AgNO_3$ 10 滴,加氨水 2~3 滴(至沉淀消散后),再加 RNA 水解液 10 滴摇匀后,置沸水浴中加热约 5~10min,观察颜色变化。

（四）结果与计算

管号	1	2	3
颜色			

（五）注意事项

（1）酵母研磨要充分。

（2）沸水中加热时要时常摇动试管。

（3）硝酸银中加氨水应逐滴加入,白色沉淀消散后再加水解液。

（六）试剂与器材

1. 试剂

（1）0.04mol/L NaOH。

（2）3mol/L HAc。

（3）酸性乙醇溶液:95% 乙醇 100ml 中含浓 H_2SO_4 1ml。

（4）1.5mol/L H_2SO_4。

（5）3,5-二羟基甲苯:取浓盐酸 100ml 加入三氯化铁 100mg 及 3,5-二羟基甲苯 100mg,溶解后置棕色瓶中(此试剂必须临用前新鲜配制)。

（6）5% $AgNO_3$。

（7）氨水。

（8）钼酸铵试剂:取钼酸铵 25g 溶于蒸馏水 300ml 中。另将浓硫酸 75ml 慢慢加入蒸馏水 125ml 中混匀,冷却。将以上两液混合。

（9）4% 维生素 C。

2. 器材 研钵、石蕊试纸、试管、滴管、沸水浴锅、大木夹、离心机。

思 考 题

1. 本实验为什么要选用酵母作为提取 RNA 的实验原料?
2. 实验过程中酵母细胞为什么要充分研磨?

(张海方　王卉放)

实验22　真核细胞基因组 DNA 的制备与定量

(一) 目的要求

(1) 掌握真核细胞基因组 DNA 提取的原理。
(2) 熟练常规方法提取真核细胞基因组 DNA 的操作。

(二) 实验原理

真核生物的每个细胞都含有相同的遗传物质。每个细胞所有不同染色体 DNA(包括基因和基因间的 DNA)的总和称为细胞基因组。在分子生物学实验中,基因组 DNA 通常用于构建基因组文库、Southern 杂交以及用 PCR 的方法获取基因等,以便进行基因的结构和功能研究。因此,提取基因组 DNA 是进行这些研究的前提和重要步骤。制备基因组 DNA 通常要求获得的 DNA 片段的长度不小于 $100\sim200$ kb,所以在提取过程中应尽量避免使 DNA 断裂和降解的各种因素,以保证 DNA 的完整性。一般真核细胞基因组 DNA 有 $10^{7\sim9}$ bp,可以从组织细胞和培养细胞中提取获得。

常规的提取真核细胞基因组 DNA 的方法,是在 EDTA 以及 SDS 等试剂存在下,用蛋白酶 K 消化细胞,随后用酚/氯仿抽提去除蛋白质,再用乙醇或异丙醇沉淀 DNA 分子而实现的。为提高基因组 DNA 的纯度和分子的完整性,提取的过程中应注意以下环节:①为防止和抑制 DNase 对 DNA 的降解,所有用品均需要高温高压处理,并且所有实验操作最好在 $0\sim4℃$(或冰上)进行;②尽量减少对溶液中 DNA 的机械剪切破坏。

(三) 操作步骤

收集对数生长期的培养细胞约 $5×10^6$ 个于 1.5ml 的 Eppendorf(Ep)管中,1000r/min 离心 5min,弃上清液。

(1) 加 0.01mol/L 的 PBS(pH7.2)缓冲液 1ml 重悬细胞,1000r/min 离心 5min,尽可能弃上清液。

(2) 于振荡器上打散细胞,加 500 μl 裂解缓冲液重悬,充分混匀后置 $50\sim55℃$ 水浴 $1\sim2$ h。

(3) 加等体积 Tris 饱和酚到上述样品中,颠倒几次充分混匀,4℃ 10 000r/min 离心 5min。

(4) 小心吸取上层水相到另一新的 1.5ml Ep 管中,加等体积酚/氯仿并充分混匀,4℃ 10 000r/min 离心 5min。

（5）取上层水相到另一新 Ep 管中,加等体积氯仿/异戊醇,充分混匀,4℃ 10 000r/min 离心 5min。

（6）转移上层水相到另一新 Ep 管中,加 1/10 体积的 3mol/L 乙酸钠（pH 5.2）和 2.5 倍体积的无水乙醇,轻轻倒置混匀,可见絮状物出现,4℃ 10 000r/min 离心 10min。

（7）弃上清液,加 75% 乙醇 1ml 洗涤,4℃ 10 000r/min 离心 5min。

（8）弃上清液,加无水乙醇 1ml 洗涤,4℃ 10 000r/min 离心 5min。

（9）弃上清液,室温下挥发乙醇,待沉淀将近透明后加 50~100μl TE 缓冲液溶解后置于 4℃备用。

（10）0.8 % 琼脂糖凝胶电泳检测。

（四）注意事项

（1）所有用品均需要高温高压处理,以灭活残余的 DNA 酶。

（2）所有试剂均需用高压灭菌双蒸水配制。

（五）试剂与器材

1. 试剂

（1）0.01mol/L PBS（pH7.2）缓冲液。

（2）裂解缓冲液:10mmol/L Tris-HCl（pH8.0）溶液,15mmol/L NaCl 溶液,10mmol/L Na$_2$EDTA（pH8.0）,1% SDS。使用前加入蛋白酶 K 至 100 μg/ml。

（3）Tris 饱和酚（pH 8.0）、酚/氯仿（酚：氯仿=1：1）、氯仿/异戊醇（24：1）。

（4）3mol/L 乙酸钠（pH 5.2）、20% SDS、2mg/ml 蛋白酶 K 原液。

（5）无水乙醇、75% 乙醇。

（6）TE 缓冲液:10mmol/L Tris-HCl（pH 7.8）,1mmol/L EDTA（pH 8.0）。

2. 器材　Eppendorf（Ep）管、振荡器、高速冷冻离心机、恒温水浴箱。

思 考 题

1. 常规方法提取真核细胞基因组 DNA 有哪些注意事项?

2. 常规提取真核细胞基因组 DNA 的主要操作步骤有哪些?

（张弛宇）

实验 23　Southern 印迹杂交

（一）目的与要求

（1）掌握质粒 DNA 分子杂交的基本原理和技术。

（2）掌握 Southern 印迹（虹吸法）的原理并熟悉其操作。

（3）掌握随机引物法标记探针的原理。

（二）实验原理

1. DNA 分子杂交　DNA 分子杂交是将经琼脂糖凝胶电泳分离的限制性内切酶酶切质

粒 DNA 片段,通过印迹技术将其转移到特异的固相支持物上,转移后的 DNA 片段保持原来的相对位置不变,再用标记的核酸探针与固相支持物上的 DNA 片段杂交,洗去未杂交的游离探针分子,通过放射自显影方法取得分子杂交的结果。

DNA 分子杂交实质上是双链 DNA 的变性和具有同源序列的两条单链的复性过程。

(1)变性:在某些理化因素的作用下,DNA 分子互补碱基对之间的氢键断裂,使 DNA 双螺旋结构松散,变为单链的过程即为 DNA 的变性。它受到以下因素的影响:DNA 的碱基组成;溶液的离子强度;pH;变性剂。

(2)复性:变性 DNA 在适当条件下,两条互补单链重新缔合成双链的过程称为复性或退火。复性的过程是相当复杂的,需要相对较长的时间才能完成。复性的速度受以下因素的影响:DNA 的浓度;DNA 的分子量;温度;离子强度;DNA 分子的复杂性。

(3)杂交体系的建立:分子杂交过程实际上是 DNA 的复性过程。建立杂交体系应考虑以下因素:①离子强度:一般杂交体系中离子强度为 5× 或 6×SSC。②DNA 浓度:DNA 浓度越高,复性速度越快。③DNA 探针的长度:探针片段越大,其扩散的速度越慢,复性的速度越慢。④温度:选择适当的杂交和洗膜温度是核酸分子杂交成败最关键的因素之一。通常杂交反应在低于 T_m15~25℃ 下进行。

2. Southern 印迹——虹吸法 Southern blotting 是由 Edwen Southern 在 1975 年最先报道,他将琼脂糖电泳分离的 DNA 片段在胶中变性使其成为单链,然后将一张硝酸纤维素膜放在胶上,上面放上吸水纸巾,利用毛细作用使胶中的 DNA 片段转移到硝酸纤维素膜上,使之成为固相化分子。载有 DNA 单链分子的硝酸纤维素膜就可以在杂交液中与另一种 DNA 或 RNA 分子(即探针)进行杂交,具有互补序列的 RNA 或 DNA 结合到存在于硝酸纤维素膜的 DNA 分子上,经放射自显影或其他检测技术就可以显现出杂交分子的区带。这种技术类似于把墨迹吸到吸墨纸上,故称为"blotting",译为 Southern 印迹法。DNA 分子经限制性核酸内切酶酶切,经琼脂糖凝胶电泳下将 DNA 片段按分子量大小分离,然后将含 DNA 片段的琼脂糖凝胶变性,并将其中的单链 DNA 片段转移到硝酸纤维素膜或其他的固相支持物上,而各 DNA 片段的相对位置保持不变;该膜可用于下一步的杂交反应。利用 Southern 印迹法可进行克隆基因的酶切图谱分析、基因组基因的定性及定量分析、基因突变分析及限制性片段长度多肽性分析(RFLP)等。

常用的固相支持物有硝酸纤维素膜、尼龙膜等。硝酸纤维素膜是应用最广泛的一种固相支持物。

3. 随机引物法标记探针 探针是用于检测互补核苷酸链存在与否的已知核苷酸链。为了便于示踪,探针必须用一定的手段加以标记,以利于随后的检测。常用的标记物是放射性核素,如 ^{32}P,^{35}S,^{14}C,^{3}H,^{125}I 等。放射性核素的敏感性高,方法简便,操作稳定;但其半衰期短,有放射性污染。与放射性核素标记的探针相比,非放射性物质,如地高辛配基、生物素、荧光素等标记的探针具有安全、无污染、稳定性好、显色快、易于观察等优点,近年来得到了广泛的应用。

标记双链 DNA 探针的方法有切口平移法和随机引物法。随机引物标记法与切口平移标记法相比,能产生高比活的探针。本实验使用质粒作探针,用 α-^{32}P 标记,采用随机引物法使探针带上标记。质粒经酶切线性化,煮沸变性后,然后用大肠杆菌 DNA 聚合酶 I 的 Klenow 片段进行合成;该酶不具有 5′→3′ 外切核酸酶活性,放射性标记产物全部通过引物延伸所合成,且不会被外切核酸酶降解。杂交反应后,探针与样品 DNA 结合,通过放射自显影来检测杂交信号。

本实验以 pBR322 质粒的酶切片段为样品,经琼脂糖凝胶电泳后,碱变性,用 Southern 印迹——虹吸法将其转移到硝酸纤维素膜上。吸附在膜上的单链 DNA 片段与 α-^{32}P 标记的 pBR322 质粒 DNA 探针杂交,通过放射自显影来检测杂交信号。

(三) 操作步骤

1. 样品 DNA 的制备 取一定量的待测 DNA 样品,用适当的限制性内切酶酶切。

2. 样品 DNA 的琼脂糖凝胶电泳 配制 50ml 14g/L 琼脂糖凝胶,称取 0.7g 琼脂糖置于锥形瓶中,加入 50 ml 0.5×TBE,用锡纸包住瓶口,将锥形瓶放入微波炉中加热至琼脂糖熔化,摇匀,待胶冷却至 65℃ 左右制板。将 DNA 分子量标准参照物和样品 DNA 加入凝胶孔中电泳,使 DNA 向阳极移动。采用 1~5V/cm 的电压降(按两极间距离计算),当溴酚蓝移动至距凝胶前沿约 1cm 时,停止电泳。凝胶用溴化乙啶染色,紫外透射分析仪下观察电泳结果。

3. 转膜

(1) 切除无用的凝胶部分,为便于定位,将凝胶的左下角切去后移至培养皿中。

(2) 碱变性:将凝胶浸泡于适量变性液中,室温放置 45min,不间断轻轻摇动。

(3) 用蒸馏水漂洗凝胶,然后浸泡于适量中和液中 30min,不间断轻轻摇动;换新鲜中和液,继续浸泡 15min。

(4) 在直径 10cm 的小培养皿上铺一层 Whatman 3MM 滤纸,将此皿放入直径 20cm 的大培养皿中,大皿中盛有 20×SSC 溶液,滤纸的两边垂入 20×SSC 溶液中,滤纸用 20×SSC 润湿,用玻棒将滤纸推平,排除滤纸与培养皿间的气泡。

(5) 剪一块与凝胶大小相同或稍大的硝酸纤维素膜(或尼龙膜,下同),用蒸馏水润湿后移入 20×SSC 溶液中浸泡至少 5min。

(6) 将中和好的凝胶倒转使底面朝上,置于上述铺了滤纸的小培养皿的中央。用 parafilm 膜围绕凝胶四周,但不要覆盖凝胶,防止转移过程中产生短路。

(7) 将浸湿的硝酸纤维素膜小心覆盖在凝胶上,膜的一端与凝胶的加样孔对齐,排除气泡,相应地剪去膜的左下角。

(8) 将两张预先用 2×SSC 浸湿过的与硝酸纤维素膜大小相同的 Whatman 3MM 滤纸或普通滤纸覆盖在硝酸纤维素膜上,排除气泡。

(9) 裁一叠与硝酸纤维素膜大小相同或稍小的卫生纸,约 5~8cm 厚,压在滤纸上。在纸巾上放一玻璃板,其上放置一重 500g 的砝码。

(10) 静置 8~24h 使其充分转移,其间更换纸巾 3~4 次。

(11) 移走纸巾和滤纸,将凝胶和硝酸纤维素膜置于一张干燥的滤纸上,用软铅笔或圆珠笔标明加样孔的位置。

(12) 凝胶用溴化乙啶染色后紫外仪下观察转移的效率或直接剥离凝胶;硝酸纤维素膜浸在 6×SSC 溶液中 5min 以去除粘在膜上的琼脂糖碎块。

(13) 硝酸纤维素膜用滤纸吸干后,置于两层干燥的滤纸中,置 80℃ 烘箱烘烤 2h,使 DNA 固定于硝酸纤维素膜上。此膜可用于下一步的杂交反应。如不马上使用,可用铝箔包好,室温下置真空中备用(图 10-2)。

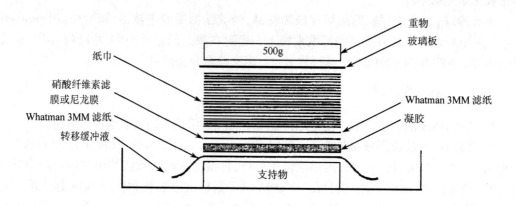

图 10-2　Southern 印迹示意图

4. 探针制备

（1）在一微量离心管中加约 50ng 的双链 DNA，沸水中煮 5min 后，骤冷。

（2）加蒸馏水 27.5μl，dNTP 2μl（dATP、dGTP、dTTP 各取 2μl，混合，吸取 2μl），5×buffer 10μl，BSA 2μl，α-32P dCTP 5μl 混合。

（3）加大肠杆菌 DNA 聚合酶 I Klenow 片段 2μl，室温 25℃温育 1h。

（4）沸水浴 5min，骤冷；加 0.1mmol/L EDTA 10μl。

（5）进行杂交反应，或置 -20℃保存。

5. 放射性核素探针杂交

（1）制备预杂交液（5×SSC，5×Dhenhardt 溶液，50mmol/L 磷酸缓冲液 pH7.0，0.2% SDS，500μg/ml 变性的鲑精 DNA 片段，50%甲酰胺）。

（2）将结合了 DNA 的硝酸纤维素膜浸泡于 6×SSC 溶液中，使其充分湿润。

（3）将膜放入杂交瓶中，加入适量预杂交液（约每平方厘米膜 0.2ml），在杂交炉中 42℃保温 1~2h。

（4）配制杂交液（5×SSC，20mmol/L 磷酸缓冲液 pH7.0，5×Denhardt 溶液，10%硫酸葡聚糖，100μg/ml 变性的鲑精 DNA 片段，50%甲酰胺）。

（5）取出杂交瓶，倒出预杂交液，加入杂交液及探针，探针加入量一般为 1~2ng/ml。

（6）在杂交炉中 65℃保温 12~16h 或过夜。

（7）取出杂交后的滤膜，迅速置于盛有大量 2×SSC 和 0.1% SDS 溶液的培养皿中，室温下振荡漂洗 2 次，第一次 5min，第二次 15min。

（8）将滤膜转移至盛有大量 0.1×SSC 和 0.1% SDS 溶液的培养皿中，37℃下振荡漂洗 30~60min。

（9）将滤膜转移至盛有大量 0.1×SSC 和 0.1% SDS 溶液的培养皿中，65℃下振荡洗涤 30~60min。

（10）室温下，滤膜用 0.1×SSC 短暂漂洗后置滤纸上吸去大部分液体。

6. 放射自显影

（1）将滤膜用保鲜膜包好。

（2）在暗室中，将增感屏前屏置滤膜上，光面向上，压一至两张 X 线片，再压上增感屏后屏,光面向 X 线片。

(3) 盖上压片盒,放入-70℃,自显影 16~24h。

(4) 取出 X 线片,显影,定影;用水冲洗后晾干。

(5) 如曝光不足,可再压片重新曝光。

(四) 结果与计算

见图 10-3。

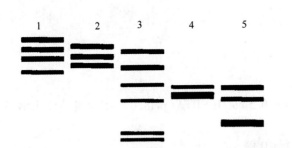

1. 本实验提取的 pBR322DNA+*Eco*RⅠ

2. 本实验提取的 pBR322DNA

3. λ DNA+*Hind*Ⅲ

4. 标准 pBR322DNA+*Eco*RⅠ

5. 标准 pBR322 质粒 DNA

图 10-3　电泳酶切图谱示意图

(五) 应用意义

DNA 是贮存、传递遗传信息的分子,有严格的核苷酸顺序,所以对 DNA 结构的分析,无论在核酸研究还是临床应用上都有重要意义。DNA 分子杂交可诊断某些遗传缺陷病,如镰刀型红细胞贫血、β-地中海贫血、Huntington 舞蹈病、Duchenne 肌肉萎缩等。可检查患者皮肤、血液或羊水细胞中 DNA 核苷酸序列或片段长度差异。如镰刀型红细胞贫血,其 DNA 有 A→T 点突变,失去了 *Mst* Ⅲ 限制性酶作用部位,可检测出一种 1350bp 的酶切长片段,正常的只有 1150bp 的片段。如 β-地中海贫血,有缺失及插入突变,使某一限制性酶切点片段消失。此法颇灵敏,可直接检查未经培养的羊水细胞。这种用特异杂交探针鉴定缺陷基因的方法需自相应患者细胞中分离出 mRNA,用反转录合成特异的互补 DNA(complementary DNA,cDNA)作为探针。国外报道已分离制备出 Lesch-Nyhan 综合征,苯丙酮尿症及许多其他与遗传缺陷相关的杂交探针。

(六) 注意事项

(1) 选择适当的限制性内切酶,以得到合适长度的 DNA 片段。

(2) 琼脂糖溶液在微波炉加热时间应适量,若加热过长时间,溶液将过热并暴沸。

(3) 溴化乙啶是一种强烈的诱变剂并有中度毒性,使用含该染料的溶液时需戴手套。

(4) 电泳结束后,应在紫外分析仪下仔细观察电泳分离是否完好、DNA 带型是否清晰等。

(5) 凝胶在变性液中浸泡时不能漂浮起来,可用滴管等将之压下。

(6) 剪膜时要戴手套,千万不可用手触摸;滤膜一定要湿润,否则不能用。

(7) Southern 转移时滤纸与培养皿之间、滤纸和凝胶之间、凝胶与滤膜之间都不能有气泡。

（8）膜与凝胶接触后就不能再移动，因为从接触的一刻起，DNA 已开始转移。

（9）α-^{32}P dCTP 有放射性，操作应在同位素防护下进行。

（10）高比活度的标记探针会由于放射化学衰变而被迅速破坏，故应马上使用。

（11）由于大部分放射性前体已掺入 DNA，因此杂交前通常不需要纯化探针。如需纯化，可使用 Sephadex G-50 小柱进行直接层析或离心层析；或用乙醇选择性沉淀切口平移所得的 DNA，从而将放射性标记探针与未掺入的 dNTP 分开

（七）试剂与器材

1. 试剂

（1）适当的限制性核酸内切酶。

（2）琼脂糖。

（3）DNA 分子量标准参照物。

（4）10mg/ml 溴化乙啶。

（5）5×TBE 溶液：Tris27g，硼酸 13.8g，0.5mol/L EDTA（pH8.0），用少量蒸馏水溶解后定容至 500ml。

（6）0.5×TBE 溶液：5×TBE 溶液稀释 10 倍。

（7）6×凝胶上样缓冲液：0.25% 溴酚蓝，0.25% 二甲苯青 FF，40%（w/v）蔗糖水溶液。

（8）变性液：1.5mol/LNaCl，0.5mol/LNaOH。

（9）中和液：0.5mol/L Tris，3mol/LNaCl，用 HCl 调 pH 至 7.0。

（10）转移液（20×SSC）：3mol/LNaCl，0.3mol/L 柠檬酸钠，用 HCl 调 pH 至 7.0。

（11）50×Denhardt 溶液：1% Ficoll 400，1% polyvinylpyrrolidone（聚乙烯吡咯烷酮，PVP），1%BSA，过滤后置-20℃保存。

（12）〔α-^{32}P〕dCTP（北京亚辉公司）。

（13）大肠杆菌 DNA 聚合酶 I Klenow 片段。

（14）prime-a-Gene labeling system 随标试剂盒。

（15）0.5mol/L 磷酸缓冲液（pH7.0）。

（16）0.1mol/L EDTA。

（17）硫酸葡聚糖。

（18）10mg/ml 鲑精 DNA。

（19）去离子甲酰胺。

（20）显影粉（上海冠龙照相器材公司）。

（21）定影粉（上海冠龙照相器材公司）。

2. 器材　琼脂糖凝胶电泳装置、恒温水浴箱、电热恒温干燥箱、微波炉、分子杂交炉、手提式小型射线探测器、紫外透射分析仪、培养皿、（直径 10cm 和 20cm）、硝酸纤维素滤膜或尼龙膜、Whatman 3MM 滤纸、柯达医用 X 射线胶片、MS-II 型卡片式暗盒、低温冰箱、玻璃板（5 cm×10 cm）、锥形瓶、剪刀、镊子、锡纸、卫生纸、保鲜膜、刀片、一次性 PE 手套、玻棒、砝码。

思 考 题

1. DNA 分子杂交技术的基本原理是什么？

2. DNA 分子杂交操作过程中的注意事项有哪些？

3. 良好的固相支持物有何特性？

4. 影响 Southern 印迹结果的因素有哪些？

5. 何为探针？常用的标记方法有哪些？

6. 随机引物法标记探针的原理是什么？操作中要注意些什么？

（王明华）

实验 24　Northern 印迹杂交

（一）目的与要求

掌握 Northern 印迹杂交的基本原理和操作技术。

（二）实验原理

与 Southern 印迹杂交相对应,RNA 的凝胶印迹又称为 Northern 印迹杂交(Northern blotting),其基本过程同 Southern 杂交极为相似,首先通过琼脂糖凝胶电泳使完全变性的 RNA 按大小分离,然后通过印迹技术将 RNA 分子转移到固相支持物上,固定后再采用特异性的探针进行杂交,得到的结果可以反映所测核酸样品的信息,常用于基因表达的特异性分析和定量分析。

（三）操作步骤

1. 总 RNA 的提取和定量

（1）收集细胞(约 $5×10^6 \sim 1×10^7$)加入 1ml Trizol,充分匀浆,并在冰中放置细胞溶解。

（2）加入 200μl 氯仿,振荡 15s,室温静置 2min。4℃,12 000 r/min 离心 15min。

（3）转移上层水相至一新的 1.5ml 离心管中,加 600μl 异丙醇混匀后,在冰上静置 10min,4℃,12 000r/min 离心 10min,弃上清。

（4）1ml75% 乙醇(DEPC-Treated 双蒸水配制)清洗沉淀后,4℃,7500r/min 离心 5min,弃上清。

（5）1ml 无水乙醇清洗沉淀,4℃,7500r/min 离心 5min,弃上清。室温晾干沉淀,加适量水溶解。

（6）取 10μl RNA 样品液,稀释至 1ml 后,紫外分光光度计比色测定 OD_{260} 光密度值(OD_{260} 为 1 时 RNA 液浓度为 40μg/ml)。将剩余的 RNA 样品用无 RNA 酶的水配成终浓度为 20μg/ml 的溶液。

2. 1%甲醛变性凝胶电泳

（1）样品的处理:在杂交之前,应该确保核酸样品具有相当的纯度和完整性,由于 RNA 分子是单链的,长的 RNA 分子在溶液中可以通过自身折叠形成局部的双链,为了使 RNA 按分子大小分离,必须采用变性剂对 RNA 样品进行处理。

取 20μg/ml 的 RNA 样品液　4.5μl,加入:

5×MOPS 电泳缓冲液　　　　2.0μl

37% 甲醛　　　　　　　　　3.5μl

甲酰胺(去离子)　　　　　　10.0μl

65℃温育 15min,冰浴冷却 5min,离心 5s,加入 EB(20μg/ml),甲醛凝胶上样缓冲液 2μl。

（2）制备凝胶

琼脂糖	0.3g
DEPC	18.6ml

加热熔化

保温状态下加入 5×MOPS 电泳缓冲液 6.0ml

37% 甲醛　　　　5.4ml

灌胶,让凝胶静置冷却凝固 10~15min 后,取出梳子,将凝胶放入电泳槽中,加入 1× MOPS 缓冲液没住凝胶。

（3）RNA 的电泳:在加样孔中依次加入足量的 RNA 样品和分子量标记物(marker),采用 5V/cm(电极间长度)的电压降进行电泳,当溴酚蓝指示剂迁移到凝胶底部时停止电泳。

印迹转移前切下含分子量标记物泳道的凝胶,于紫外灯下放一根尺子拍照,记下分子量标记的片段位置,以便杂交后确定杂交带的分子量大小。

3. 转膜与固定　RNA 由凝胶中转移到固相支持物上的方法与 Southern 印迹方法一样,但是在印迹转移前,含甲醛的凝胶必须用经 DEPC 处理的水淋洗数次,以除去甲醛。如果琼脂糖浓度大于 1% 或凝胶厚度大于 0.5cm 或待分析的 RNA 大于 2500nt,需用 0.05mol/L NaOH 浸泡凝胶 20min(部分降解 RNA,以提高其转移的效率),浸泡后用 DEPC 处理过的水淋洗,并用 20×SSC 浸泡凝胶 45min,然后进行转移。

另外,尼龙膜在碱性条件下可以与 RNA 发生共价结合,因此可用 7.5mmol/L NaOH 作为转移液,转移后不须经烘烤或紫外线照射固定。碱性转移后,尼龙膜经 2×SSC 及 0.1% SDS 漂洗,室温干燥后保存备用或者直接用于杂交检测。

转移完成后,为满足杂交实验的要求,必须将转移后的 RNA 固定到杂交膜上。可以采用紫外交联仪(254nm 波长的紫外线)照射尼龙膜上结合有核酸的一面,使尼龙膜与核酸分子之间形成共价结合,对于湿润的尼龙膜总照射剂量参考值为 $1.5J/cm^2$,干燥的尼龙膜约为 $0.15 J/cm^2$。

4. 杂交

（1）目的基因的获取(探针):取含目的基因 pp-GalNAc-T_2 的质粒 pDONR201 行克隆 PCR

ddH$_2$O	36μl
10×buffer	5μl
MgCl$_2$	4μl
Fp(引物 1)	1μl
Rp(引物 2)	1μl
Plasmic	2μl
Taq polymerase	0.5μl

程序:

95℃×2min

39 cycles $\begin{cases} 95℃×30s \\ 55℃×45s \\ 72℃×60s \end{cases}$

72℃×10min

4℃→∞

PCR 产物经琼脂糖凝胶电泳鉴定后,用割胶纯化试剂盒回收。

(2) 探针标记(随机引物法):取 1μg 模板 DNA 加 ddH₂O 至 16μl,煮沸 10min 使 DNA 变性并在冰水浴中迅速冷却,充分混匀 DIG-High Prime 混合液,并加 4μl 至模板中,离心混匀,37℃孵育 20h,65℃,10min 终止反应。

(3) 杂交:

1) 预热适量体积的 DIG Easy Hub(10ml/100cm² 膜),至杂交温度 37~42℃,浸入预杂交膜,轻柔摇动 30min。

2) 变性地高辛标记 DNA 探针(25ng/ml DIG Easy Hub),煮沸 5min。在冰浴中迅速冷却。

3) 加变性的地高辛标记的 DNA 探针至预热的 DIG Easy Hub 中(3.5ml/cm² 膜),充分混匀,避免起泡沫。

4) 弃去杂交液并加入探针/杂交混合液至膜上,孵育 4h,轻微摇晃。

(4) 免疫检测

1) 用洗液 washing buffer 洗膜 1~5min。

2) 在 100ml blocking solution 中孵育 30min。

3) 在 20ml autibody solution 中孵育 30min。

4) 用洗液洗 2 次 15min。

5) 在 20ml detection buffer 中平衡 2~5min。

6) 杂交产物检测(NBT/BCIP 显色法):这是碱性磷酸酶最佳的底物组合之一。产物为蓝色,不溶于水、乙醇及二甲苯的沉淀物,常用于蛋白印迹和免疫组化等染色。

$$37℃显色\begin{cases} 3.3ml & 检测缓冲液 \\ 22\mu l & NBT \\ 11\mu l & BCIP \end{cases}$$

(5) 洗脱与再杂交:

1) 在 ddH₂O 中充分洗膜。

2) 洗 2×15min,37℃,以洗液洗去,DIG-labeled probe。

3) 在 2×SSC 中充分洗膜。

4) 用第二探针进行预杂交和杂交。

(洗好的膜可储存在马来酸缓冲液或 2×SSC 液中,至下次使用)

(四) 结果与计算

(1) 1%甲醛变性凝胶电泳结果:在真核细胞中,富含 2 种 RNA,即 28S rRNA(4718nt) 和 18S rRNA(1874nt),它们不仅可以用作分子量的标记,同时也是 RNA 是否发生降解的一个指标。质量较好的 RNA 样品在变性琼脂糖凝胶中,紫外灯下观察应该清晰可见,而且 28S rRNA 含量应该明显高于 18S rRNA(通常约为 2 倍)。

(2) 克隆 PCR 结果。

(3) Northern 印迹杂交结果。

(五) 应用意义

本实验主要用于 RNA 的定性和定量的分析。

（六）注意事项

由于 RNA 非常不稳定，极易降解，因此，在杂交过程中 RNA 接触到的所有容器、剂均应采用 0.1% 焦碳酸二乙酯（DEPC）处理以淬灭其中的 RNA 酶，37℃ 保温 2h 或室温过夜后高压蒸气灭菌 15min 降解 DEPC，经 DEPC 处理的容器、试剂应存放在指定地点，为 RNA 实验专用。整个操作过程应该与其他可能含 RNA 酶的操作分开，而且操作时最好戴上一次性手套，因为人的汗液中含有丰富的 RNA 酶。注意：DEPC 是高度易燃品，也是一种致癌物，必须在通风柜内小心操作。

（七）试剂与器材

（1）甲醛凝胶上样缓冲液（DEPC 水配制，高压灭菌 15min）

0.25% 溴酚蓝
1mmol/L EDTA（pH8.0）〉分装，4℃ 保存
5% 甘油

（2）EB 染液，10mg/ml，4℃ 保存。

（3）5×MOPS 电泳缓冲液、去离子甲酰胺等，为华舜公司产品。

（4）DIG high prime DNA labeling and detection starter kit Ⅱ 为 Roche 公司产品。

思　考　题

1. 获取目的基因的方法主要有哪些？
2. 本实验采用随机引物法标记探针，你知道还有哪些标记探针的方法吗？

（仇　灏）

实验 25　PCR 扩增技术

（一）目的与要求

本实验对提取的基因组 DNA 进行随机引物 PCR 扩增（RAPD），再观察扩增的结果。

（二）实验原理

聚合酶链式反应（polymerase chain reaction，PCR）简称 PCR 技术，是 20 世纪 80 年代后期由 K. Mullis 等建立的一种体外酶促扩增特异 DNA 片段的技术。PCR 是利用针对目的基因所设计的一对特异寡核苷酸引物，以目的基因为模板进行的 DNA 体外合成反应。由于反应循环可进行一定次数，所以在短时间内即可扩增获得大量目的基因。PCR 技术具有灵敏度高、特异性强、操作简便等特点。

（三）操作步骤

1. 标准的 PCR 反应体系　PCR 反应体系中包含寡核苷酸引物、DNA 模板、*Taq* 酶、dNTP 及含有必需离子的反应缓冲液。

设计做 3 份反应,1 份空白对照,1 份阳性对照,1 份待测样本。取 3 个 0.2ml 薄壁 PCR 管,在 1 管中按序加入下列试剂,做成无模板 DNA 混合反应液,均匀加至各管中,再分别加入待测样本、阳性对照、空白水各 5μl,总体积为 50μl。手指轻弹管底混匀溶液,在离心机中快速离心数秒,使溶液集中于底部后进行 PCR 反应。

混合液		×3
ddH$_2$O	32.6μl	97.8μl
10×缓冲液	5μl	15μl
MgCl$_2$(1.5mmol/L)	4μl	12μl
4×dNTP	1μl	3μl
随机引物 P1	1μl	3μl
随机引物 P2	1μl	3μl
Taq 酶	0.4μl	1.2μl
模板 DNA	5μl	分装后分别加入

2. PCR 扩增反应

按下列程序,在 DNA 扩增仪上进行反应。

94℃ 2min(变性),

94℃ 30s,60℃ 40s,72℃ 50s,30 个循环,

72℃ 10min(延伸),

4℃保存。

(四) 结果与计算

扩增样品在 1%琼脂糖凝胶中进行电泳检测。

(五) 应用意义

PCR 技术已被广泛地应用于临床医学、遗传咨询、司法鉴定、考古学及分子生物学等各个领域。虽然 PCR 技术也存在出错倾向高、产物大小受到限制和必须预先有目标 DNA 序列等缺点,但仍然被誉为 20 世纪分子生物学研究领域最重大的发明之一。

(六) 注意事项

PCR 操作中的污染问题:由于 PCR 反应灵敏、快速,短短数小时内可将某个 DNA 片段特异地扩增几十万倍,微量的产物或阳性标本对反应体系的污染,就会造成假阳性结果。因此如何避免污染,是反应成败的关键,必须做到所有器材消毒,移液枪头不重复使用,戴手套操作。

(七) 试剂与器材

(1) 10×缓冲液。

(2) 25mmol/L MgCl$_2$。

(3) 10mmol/L 4×dNTP。

(4) P1 10pmol/μL,P2 10pmol/μL。

(5) Taq 酶:4U/L。

（6）模板 DNA：0.1μg/μL。

（7）灭菌双蒸水。

（8）PCR 仪、台式离心机、漩涡混合仪、电泳仪、凝胶成像系统或紫外灯。

思 考 题

PCR 技术的基本原理是什么？

（仇　灏）

实验 26　随机扩增多态性 DNA 技术

（一）目的与要求

用 RAPD 技术鉴定肿瘤细胞株的类型，有助于临床上肿瘤的分型诊断。

（二）实验原理

运用随机引物扩增寻找多态性 DNA 片段可作为分子标记。这种方法即为 RAPD（random amplified polymorphic DNA，随机扩增的多态性 DNA）。该技术建立于 PCR 技术基础上，是利用一系列不同的随机排列碱基顺序的寡聚核苷酸单链（通常为 10 聚体）为引物，对所研究基因组 DNA 进行 PCR 扩增，聚丙烯酰胺或琼脂糖电泳分离，经 EB 染色或放射性自显影来检测扩增产物 DNA 片段的多态性，这些扩增产物 DNA 片段的多态性反映了基因组相应区域的 DNA 多态性。RAPD 所用的一系列引物 DNA 序列各不相同，但对于任一特异的引物，它同基因组 DNA 序列有其特异的结合位点。这些特异的结合位点在基因组某些区域内的分布如符合 PCR 扩增反应的条件，即引物在模板的两条链上有互补位置，且引物 3′端相距在一定的长度范围之内，就可扩增出 DNA 片段。因此，如果基因组在这些区域发生 DNA 片段插入、缺失或碱基突变就可能导致这些特定结合位点分布发生相应的变化，而使 PCR 产物增加、缺少或发生分子量的改变。通过对 PCR 产物检测即可检出基因组 DNA 的多态性。分析时可用的引物数很大，虽然对每一个引物而言其检测基因组 DNA 多态性的区域是有限的，但是利用一系列引物则可以使检测区域几乎覆盖整个基因组。因此，RAPD 可以对整个基因组 DNA 进行多态性检测。

（三）操作步骤

1. 引物准备　美国 Operon 公司产品，每个引物长度为 10 个核苷酸。

2. 反应条件　扩增反应总体积 25μl，反应液组成为 10×PCR Buffer 2.5 μl，1.5mmol/L MgCl$_2$，4 种核苷酸各为 100μmol/L，随机引物 1μl（约 5pmol/L），50ng 的基因组 DNA，1 单位的 *Taq* 酶，加 ddH$_2$O 至 25μl。混匀稍离心，加一滴矿物油。

3. 反应程序　反应在 PTC-100 PCR 仪器上进行。首先 94℃预变性 3min，然后循环：94℃ 1min，36℃ 1min，72℃ 1min，共 45 轮循环。循环结束后，72℃ 10min，4℃保存。

（四）结果与计算

1. 电泳　取 PCR 产物 15μl 加 3μl 上样缓冲液（6×）于 2% 琼脂糖胶上电泳，稳压

50~100V(电压低带型整齐,分辨率高)。电泳结束,经 EB 染色,在紫外透射仪上观察并拍照。扩增产物长度与 100bp DNA ladder 标记物比较。

2. 统计分析

(1) 根据可重复性试验及空白对照实验确定哪些是人为变异,去伪存真,在某一位置上扩增产物"有"记为"1","无"记为"0"。

(2) 根据 $F = 2N_{xy}/(N_x + N_y)$ 计算遗传距离,其中 N_{xy} 为两样品共有带数,N_x,N_y 分别为 X、Y 样品的总扩增带数。

(3) 根据遗传距离构建种系发生树:SPSS/pc 软件包中的组内(间)平均连锁(within/between-group average linkage)法;MEGA(molecular evolution and genetic analysis)中的非加权平均(UPGMA)法和最近距离(NJ)法;RAPDist 软件等,其中,RAPDist 软件是专为分析 RAPD 数据编写的。

(五) 应用意义

临床上肿瘤的分型有多种方法,RAPD 进行肿瘤细胞的分型具有操作简便快速,实验周期短,适用于自动化操作分析的优点,有助于肿瘤的诊断分型。

(六) 注意事项

(1) 模板浓度太高会影响 RAPD 的谱带的重复率,在 50μl 的反应体系当中含有 10~50ng 的模板 DNA 浓度被认为是最适宜的浓度。

(2) $MgCl_2$ 浓度变化可以导致"带"型的改变。大约 2mmol/L 的 $MgCl_2$ 浓度(最终反应体系)被推荐为最满意的起始浓度。

(3) 引物容易合成,它们已经由一些商业公司生产,(如 OPERON 和 PHARCIAM 公司)。一般认为引物浓度在 0.1~2.0μmol/L 为最佳浓度。超过此范围,通常表现缺乏扩增产物。

(4) 使用同一个商标的 *Taq* 聚合酶对于获得重复是必需的。另外,使用较纯的 *Taq* 酶也是重要的。

(七) 试剂与器材

1. 试剂

(1) 随机引物(10mer, 5μmol/L):购买成品。*Taq* 酶:购买成品。10×PCR 缓冲液。$MgCl_2$:25mmol/L。dNTP:每种 2.5mmol/L。

(2) 不同的细胞株的基因组 DNA(50ng/μl)。

2. 器材 PCR 仪、PCR 管或硅化的 0.5ml eppendorf 管、电泳装置。

思 考 题

为什么 RAPD 可以对整个基因组 DNA 进行多态性检测?

（徐 岚）

第11章 综合性实验

实验 27 血清 γ-球蛋白分离与纯度鉴定

(一) 目的与要求

(1) 了解层析原理。

(2) 掌握乙酸纤维薄膜电泳技术。

(二) 实验原理

用硫酸铵分段盐析法将血清中的 γ-球蛋白与其他蛋白质分离,再经凝胶过滤法除盐即可得到比较纯的 γ-球蛋白,最后用乙酸纤维薄膜电泳法鉴定纯度,纯度较高者只出现一条 γ-球蛋白区带。

(三) 操作步骤

1. 盐析

(1) 取血清 2.0ml 加入一支口径较粗的小试管中,加 PBS 液 2.0ml 摇匀。再逐滴加入 pH7.2 饱和硫酸铵溶液 2.0ml,边加边摇匀。静置 15min 后,3000r/min 离心 10min。倾去上清液。

(2) 将沉淀用 1.0ml PBS 液搅拌溶解,再逐滴加入饱和硫酸铵液 0.5ml,混匀。静置 15min,3000r/min 离心 10min。倾去上清液。沉淀用 PBS 液 10 滴搅拌溶解,即为初步纯化的 γ-球蛋白溶液。

2. 脱盐

(1) 装柱:取 1.5cm×15cm 层析柱 1 支(若底部无烧结板,用一小块海绵或棉花堵住下端)装入约 1/3 柱高的蒸馏水,排除底部死腔气泡,至剩余约 2~3cm 柱高的水时关闭出口。沿柱内壁缓慢灌入稀糊状葡聚糖凝胶 G-25 悬液至 2/3 柱高,严防气泡及断层。待分层后打开出口,当水全部进入床面以后,沿柱内壁缓慢加入 PBS 液共约 8ml,平整床面,待液面恰好与床面重合时,关闭出口。

(2) 加样与洗脱:用细长滴管吸取 γ-球蛋白溶液,在靠近床面处沿柱内壁缓缓加入(注意勿破坏床面),打开出口,调节流速为 5 滴/分。待 γ-球蛋白液完全进入床面后,先加少量 PBS 液(约 1ml),待其全部进入床面,再用 PBS 液进行洗脱。

(3) 收集:取小试管 12 支编号。依次立即收集上述洗脱液,每管收集 0.5ml(约 12 滴),共收集 12 管,关闭出口。

(4) 检测:准备干净的白瓷板两块,分别于各凹槽内依次放相应管收集液各 1 滴。向其中一块板各凹槽内加钠氏试剂 1 滴,有 NH_4^+ 者出现棕红色沉淀;向另一白瓷板各凹槽内加双缩脲试剂 1 滴,有蛋白质者呈现双缩脲颜色(蓝紫色)反应。均以"+"或"-"号记录之。

双缩脲反应呈色深且不含 NH_4^+ 的收集管液即为已脱盐的 γ-球蛋白液。取该液浓缩(每 0.5ml 加葡聚糖凝胶 G-25 颗粒 0.1g,摇匀后静置分层)备用。

3. 鉴定 按乙酸纤维薄膜电泳的操作步骤,用小滴管吸取浓缩上清液 8~10μl 点样,并与血清样品同时电泳。将两种电泳图谱进行比较,判断纯度。

(1) 准备

1) 将电泳槽置于水平平台上,两侧注入等量的巴比妥缓冲液,使其在同一水平面,液面与支架距离约 2~2.5cm,支架宽度调节在 5.5~6cm。用三层滤纸或双层纱布搭桥。

2) 选择厚薄一致、透水性能好的 CAM,在无光泽面一端 1.5cm 处用铅笔轻画一横线,作点样标记。然后将 CAM 无光泽面朝下,漂浮于盛有巴比妥缓冲液的平皿中,使之自然浸湿下沉。待充分浸透后(约 20min)用镊子取出。

(2) 点样

1) 将薄膜条置于洁净滤纸中间,毛面朝上,用滤纸轻按吸去 CAM 上多余的缓冲液。

2) 用血红蛋白吸管取待测新鲜血清 3~5μl,均匀涂布于点样用有机玻璃片或 X 线胶片上,或用点样器蘸少许血清,垂直印在 CAM 毛面的画线处,待血清完全渗入薄膜后移开。

(3) 电泳

1) 加样后,将薄膜平直架于支架两端,毛面朝下,点样侧置于阴极端,用滤纸或纱布架于膜下,将膜的两端与缓冲液连通,平衡 5min。

2) 将电泳槽的正极和负极分别与电泳仪的正极和负极联结,打开电源,调电压为 8~15V/cm 膜长或电流 0.3~0.5mA/cm 膜宽。夏季通电 45min,冬季通电 60min。待电泳区带展开约 3.5~4.0cm,即可关闭电源。

(4) 染色:用镊子取出薄膜条直接投入丽春红 S 或氨基黑 10B 染色液中染色 5~10min。染色过程中不时轻轻晃动染色皿,使染色充分。薄膜条较多时,尤应避免彼此紧贴致染色不良。

(5) 漂洗:至少准备 3~4 个漂洗皿,装入漂洗液,从染色液中取出薄膜条并尽量沥去染色液,按顺序投入漂洗液中反复漂洗,直至背景无色为止。

(6) 透明:将醋纤薄膜贴于清洁之玻璃板上,待干燥后,浸于透明液中 2min,取出后即透明,可长期保存。

(四) 结果与计算

(1) γ-球蛋白分离后 12 管收集液经检测结果记录如下表:

管号	1	2	3	4	5	6	7	8	9	10	11	12
纳氏试剂反应												
双缩脲反应												

注:双缩脲反应呈色深且不含 NH_4^+ 的收集管液即为已脱盐的 γ-球蛋白液,留作电泳鉴定。

(2) 蛋白质乙酸纤维薄膜电泳鉴定 γ-球蛋白纯度(与血清蛋白电泳对照)(图 11-1)。

(五) 注意事项

(1) 盐析时应逐滴加入饱和硫酸铵,边加边摇,静置要充分。

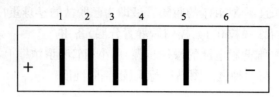

图 11-1　正常人血清乙酸纤维素薄膜电泳示意图

注：1 为清蛋白；2、3、4、5 分别为 α_1、α_2、β-及 γ-球蛋白；6 为点样原点。

（2）装柱时柱内要严防断层与气泡，凝胶床面要平整。

（3）样品进入床内，打开出口应立即收集。

（4）作电泳时应注意的事项：

1）CAM 的选择：国内生产 CAM 的厂家每批生产出来的 CAM 质量不一致，就是同一厂家，同一批号生产的 CAM 质量也有差别。故使用前必须进行选择，要求质匀、孔细和染料吸附少。临床检测用仅要求蛋白分离清晰即可，若研究用，则要求薄膜厚度在 0.1~0.13mm，吸水量干湿比在 1：2 左右，吸水速度应在 2~3s 之内，吸水高度不少于 15mm/min。

2）电泳图谱分离不清或不整齐，最常见的原因有：①点样过多；②点样不均匀、不整齐，样品触及薄膜边缘；③薄膜过湿，样品扩散；④薄膜未完全浸透或温度过高致膜局部干燥或水分蒸发；⑤薄膜与滤纸桥接触不良；⑥薄膜位置歪斜、弯曲，与电流方向不平行；⑦缓冲液变质；⑧样品不新鲜；⑨CAM 质量不高。

3）血清加量：血清标本应新鲜，不得溶血。必要时加叠氮钠 1mg/ml 血清防腐，冰箱（4℃）保存。如用光密度计扫描定量，丽春红 S 染色加入血清量在 0.5~1.0μl/cm，氨基黑 10B 染色加 1~1.5μl/cm，如血清总蛋白含量超过 80g/L，用氨基黑 10B 染色时应将血清稀释 2 倍后再按上述加液量加样。若不衡释，清蛋白带中蛋白含量太高，区带染不透，反而出现空泡，甚至蛋白膜脱落在染色液中，致使定量不准确。

4）染料问题：用光密度计扫描定量一般用丽春红 S 染色，比色法定量即可用丽春红 S，也可用氨基黑 10B 染色。氨基黑 10B 与蛋白质结合较其他染料牢固，蛋白带不易脱落，但其对球蛋白的亲和力仅为清蛋白的 80%，因此常导致清蛋白结果偏高，球蛋白偏低。

（六）试剂与器材

1. 试剂

（1）磷酸盐缓冲液-生理盐水溶液（PBS 液）：用 0.01mol/L 磷酸缓冲液（pH7.2）配制的 0.9% NaCl 溶液。

（2）pH7.2 饱和硫酸铵溶液：用氨水将饱和硫酸铵溶液调到 pH7.2。

（3）葡聚糖凝胶 G-25 悬液：取葡聚糖凝胶 G-25 干粉适量，加大量蒸馏水搅匀，在沸水浴上加热 2 小时，不时轻搅。溶胀完全后倾去多余的水分，使凝胶成为可流动的稀糊状。

（4）纳氏试剂。

（5）双缩脲试剂。

2. 器材　离心机、乙酸纤维薄膜、层析柱（1.5cm×15cm）电泳仪、铁架台、电泳槽、白瓷板、小烧杯、玻璃棒、小试管、滴管等。

思 考 题

1. 血清 γ-球蛋白分离与纯度鉴定的原理是什么?
2. 血清 γ-球蛋白的分离主要有哪几个操作步骤?

（钱　晖　徐　岚）

实验 28　蛋白质的分离、提取、SDS-聚丙烯酰胺凝胶电泳及 Western 印迹

一、蛋白质的分离、提取

蛋白质分子在水溶液中因其表面带有一定数量的电荷及形成水化膜使其成为稳定的胶体颗粒。在某些物理或化学因素影响下,蛋白质颗粒由于失去电荷和水化膜而沉淀。中性盐、重金属盐、三氯乙酸和乙醇等都是常用的沉淀蛋白质的试剂。

Ⅰ. 蛋白质的盐析

（一）目的与要求

了解用盐析分离纯化蛋白质的原理和方法。

（二）实验原理

大量中性盐类如硫酸铵$(NH_4)_2SO_4$、硫酸钠(Na_2SO_4)和氯化钠$(NaCl)$等加入到蛋白质溶液后,可引起蛋白质颗粒因失去水化膜和电荷而沉淀。各种蛋白质分子的颗粒大小和电荷数量不同,用不同浓度中性盐可使各种蛋白质分段沉淀。例如血清中的球蛋白可在半饱和硫酸铵溶液中沉淀。当硫酸铵浓度达到饱和时血清中的白蛋白便沉淀下来。盐析沉淀蛋白质时能保持蛋白质不变性,加水稀释降低盐浓度,能使沉淀的蛋白质重新溶解,并保持其生物活性。因此,利用盐析法可达到分离提纯蛋白质的目的。

（三）操作步骤

（1）取小试管 1 支,加入血清 1.0ml,饱和硫酸铵溶液 1.0ml,充分摇匀后静置 5min,记录结果。

（2）另取一小试管置于试管架上,插入准备好的滤纸和漏斗。将操作"1"之混合液倾入漏斗内过滤。观察结果。

（3）向操作"2"的滤液中逐步加入米粒大小固体硫酸铵,边加边摇匀,直至饱和为止。观察结果。再向管内加入少量蒸馏水,观察结果有何变化。

（4）将操作"2"的滤液漏斗置于另一支小试管上,用玻棒戳穿滤纸尖部,加少量蒸馏水将滤纸上的沉淀洗入试管内,摇匀后观察和解释结果。

（四）试剂

（1）动物或人血清。

（2）饱和硫酸铵溶液：称取硫酸铵 80g，使其溶于蒸馏水 100ml 中，加热溶解，冷却后析出的上清液即是饱和硫酸铵。

（3）固体硫酸铵。

Ⅱ. 重金属盐和三氯乙酸沉淀蛋白质

（一）目的与要求

了解用重金属盐和三氯乙酸沉淀蛋白质的原理和方法。

（二）实验原理

重金属离子如 Pb^{2+}、Cu^{2+}、Hg^{2+}、Ag^+ 等可与蛋白质分子上的羧基结合生成不溶性蛋白质金属盐而沉淀。三氯乙酸属生物碱试剂，能与蛋白质分子上的氨基结合而沉淀。它们均可引起蛋白质分子的变性和失去生物学活性。

（三）操作步骤

（1）编号 2 支小试管，各加 5% 鸡蛋清溶液 20 滴。

（2）向试管 1 中加入 0.1 mol/L NaOH 溶液 1 滴，混匀。

加入 0.18mol/L $AgNO_3$（3%）溶液 4 滴，混匀。

（3）向试管 2 中加入 0.3mol/L 三氯乙酸溶液（5%）10 滴，混匀。

（4）记录结果。

（四）试剂

（1）5% 鸡蛋清溶液：鸡蛋清 5ml，加蒸馏水稀释至 100ml，混匀

（2）0.1mol/L NaOH 溶液。

（3）0.18mol/L $AgNO_3$（3%）溶液。

（4）0.3mol/L 三氯乙酸溶液（5%）。

Ⅲ. 乙醇沉淀蛋白质

（一）目的与要求

了解用有机溶剂沉淀蛋白质的原理和方法。

（二）实验原理

某些可与水混合的有机溶剂如甲醇、乙醇和丙酮等，能破坏蛋白质的水化膜，降低其在

溶液中的稳定性。当加入少量中性盐如 NaCl 等或溶液 pH 接近等电点时,蛋白质胶粒上的电荷被中和,加入上述有机溶剂可使蛋白质沉淀。反应在 0~4℃ 下进行,并应立即分离沉淀物,否则蛋白质会变性。

（三）操作步骤

(1) 编号 2 支小试管,各加 5% 鸡蛋清溶液 10 滴。
(2) 每管内均加入 95% 乙醇溶液 20 滴,边加边混匀。静置片刻后观察结果。
(3) 向试管 1 内加入饱和 NaCl 溶液 1~2 滴,观察结果。

（四）试剂

(1) 5% 鸡蛋清溶液。
(2) 95% 乙醇溶液。
(3) 饱和 NaCl 溶液。

思　考　题

1. 简述蛋白质沉淀反应的原理和稳定蛋白质的因素有哪些?
2. 常用的沉淀蛋白质试剂有哪些?
3. 沉淀蛋白质都是变性的吗? 变性蛋白质都是沉淀的吗?

（徐　岚）

二、SDS-聚丙烯酰胺凝胶电泳法测定蛋白质分子量

（一）目的与要求

掌握 SDS-聚丙烯酰胺凝胶电泳法（SDS-PAGE）测定蛋白质分子量的基本原理,了解其基本操作法及注意事项。

（二）实验原理

离子型去污剂 SDS（十二烷基硫酸钠）可与蛋白质相作用,破坏蛋白质分子的非共价键,使蛋白质变性,失去原有的空间构象,形成带负电荷的 SDS-蛋白质复合物,使各种蛋白质分子相互间只保持着分子大小的差异,彼此间原有的电荷差异被消除或大大降低。当 SDS 被引入聚丙烯酰胺凝胶系统并进行电泳时,样品中蛋白持原有的电荷差异已不起作用,蛋白质分子在电场中的迁移速度仅仅取决于各自分子的大小。SDS 与蛋白质的结合按重量比的关系进行。当 SDS 浓度大于 1mmol/L 时,大多数蛋白质和 SDS 结合的比例为 1.4g SDS ：1g 蛋白质。当蛋白质的分子量在 12~165kD 时,蛋白质的迁移率和分子量的对数呈直线关系。将已知分子量的标准蛋白质的迁移率对其分子量的对数作图时,可得到一条标准曲线。此时,将未知分子量的蛋白质样品,在相同的条件下进行电泳,就可根据此蛋白质的电泳迁移率,在标准曲线上查得它的分子量。

采用本法测定蛋白质的分子量时,必须将全部二硫键打开,以利和 SDS 充分结合,否则会因蛋白质和 SDS 的结合减少而使结果偏低。因此在实验过程中,同时加入巯基乙醇作为

强还原剂,使蛋白质分子中的二硫键保持还原状态,有利于蛋白质和 SDS 定量结合。

(三) 操作步骤

1. 贮液及凝胶溶液的配制 贮液及凝胶溶液的配制方法见表 11-1。

表 11-1 贮液及凝胶溶液的配制

	贮液			5%凝胶	10%凝胶
Ⅰ	凝胶贮液	Acr	30g	3.33ml	6.67ml
		Bis	0.8g		
		加蒸馏水到 100ml			
Ⅱ	凝胶缓冲液	SDS	0.2g	10ml	10ml
		加 0.2mol/L、pH7.2 磷酸盐缓冲液至 100ml			
Ⅲ	TEMED			20μl	20μl
	蒸馏水			4.57ml	1.23ml
Ⅳ	100g/L 过硫酸铵溶液	过硫酸铵	1g	以上溶液混合后抽气 100min	
		加蒸馏水至 10ml		0.1ml	0.1ml

注:Acr:丙烯酰胺;Bis:甲叉双丙烯酰胺;TEMED:N,N,N',N'-四甲基乙二胺。贮液置冰箱保存。SDS 在低温下析出,使用前微温使溶。贮液Ⅳ每 2 周新配 1 次。

SDS-凝胶电泳可采用垂直柱型,也可采用垂直板型,此处以垂直柱型为例,进行叙述。

2. 样品制备 一般是蛋白质溶解在含 10g/L SDS、10g/L 巯基乙醇的 0.01mol/L、pH7.2 的磷酸盐缓冲液中,在 100℃加热 2~5min。蛋白质的最后浓度一般为 0.05~1g/L。

也可以将上述溶液在 37℃保温 2h 而不是 100℃加热。一般说来,两种处理的效果都一样。但如蛋白质样品中混有少量蛋白水解酶,37℃处理就会引起样品水解,使测定失败,而 100℃加热 3min 一般都能使蛋白酶失活,得到满意的结果。也有少数例外的情况,需要采用特殊的样品处理方法。

3. 电泳

(1) 制备凝胶板:将混合后的分离胶溶液,用细长头的滴管加至长、短玻璃板间的窄缝内,加胶高度距样品模板梳齿下缘约 1 cm。用 1 ml 注射器在凝胶表面沿短玻璃板边缘轻轻加一层重蒸水(约 3~4 mm),用于隔绝空气,使胶面平整。约 30~60 min 凝胶完全聚合,则可看到水与凝固的胶面有折射率不同的界线。

将上、下贮槽的蒸馏水倒去,将混合均匀后的浓缩胶溶液,用细长头的滴管加到长、短玻璃板的窄缝内(即分离胶上方),距短玻璃上缘 0.5 cm 处,轻轻加入样品槽模板。在上、下贮槽中加入蒸馏水,但不能超过短玻璃板上缘。静置电泳槽,10 min 左右,上胶即可聚合,再放置 10~20 min,加入电极缓冲液,使液面没过短玻璃板约 0.5 cm,轻轻取出样品槽模板,即可加样。

(2) 加样:用微量注射器按号向凝胶板中加样,每孔加一种样品,各加 20μl(含蛋白质 10μg)。加样完毕,打开直流稳压电源(负极接上槽,正级接下槽,事先接好),将电流调至每管 8mA。保持电流强度不变,待染料(染料已事先加在"样品溶解液"中)迁移至距下口约

1cm 处,停止电泳。约需 1.5~2.0h。

（3）染色、脱色：电泳结束后,取下凝胶模,卸下硅胶框,用不锈钢药铲或镊子撬开短玻璃板,从凝胶板上切下一角作为加样标记,在两侧溴酚蓝染料区带中心,插入细铜丝作为前沿标记。加入染色液染色 1~2 h,再用脱色液脱色,直至蛋白质区带清晰,即可计算相对迁移率。

（四）结果与计算

通常以相对迁移率 m_R 来表示迁移率,相对迁移率的计算方法如下（图 11-2）：

$$相对迁移率\ m_R = 样品迁移距离（cm）/ 染料迁移距离（cm）$$

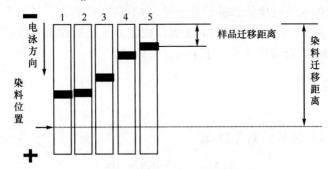

图 11-2　标准蛋白质在 SDS-凝胶上的分离示意图
注:1. 细胞色素 c;2. 胰凝乳蛋白酶原 A;3. 胃蛋白酶;4. 卵白蛋白;5. 牛血清白蛋白

以标准蛋白质的相对迁移率为横坐标,标准蛋白质分子量为纵坐标在半对数坐标纸上作图,可得到一条标准曲线。根据未知蛋白质样品相对迁移率可直接在标准曲线上查出其分子量。

（五）应用意义

可用于测定蛋白质分子量。不仅用于测定蛋白质分子量,还可用于蛋白质混合组分的分离及亚组分的分析。也可从胶中把分离的蛋白质洗脱下来,进行氨基酸序列、酶解图谱及抗原性质等方面的研究。该方法简单,样品用量少,分辨率高,重复性好。构象异常的蛋白质,常带有较大辅基的蛋白质如糖蛋白测出的蛋白质分子量不太可靠。

（六）注意事项

1. SDS 纯度　在 SDS-PAGE 中,需高纯度的 SDS,市售化学纯 SDS 需重结晶一次或两次方可使用。重结晶方法如下:称 20g SDS 放在圆底烧瓶中,加 300ml 无水乙醇及约半牛角匙活性炭,在烧瓶上接一冷凝管,在水浴中加热至乙醇微沸,回流约 10min,用热布氏漏斗趁热过滤。滤液应透明,冷却至室温后,移至 -20℃ 冰箱中过夜。次日用预冷的布氏漏斗抽滤,再用少量 -20℃ 预冷的无水乙醇洗涤白色沉淀 3 次,尽量抽干,将白色结晶置真空干燥器中干燥或置 40℃ 以下的烘箱中烘干。

2. SDS 与蛋白的结合量　当 SDS 单体浓度在 1mmol/L 时,1g 蛋白质可与 1.4g SDS 结合才能生成 SDS-蛋白复合物。巯基乙醇可使蛋白质间的二硫键还原,使 SDS 易与蛋白质结合。样品溶解液中,SDS 的浓度至少比蛋白质的量高 3 倍,低于这个比例,可能影响样品的迁移率,因此,SDS用量约为样品量10倍以上。此外,样品溶解液应采用低离子强度,最高不超过0.26,以保证在样品溶解液中有较多的SDS单体。在处理蛋白质样品时,每次都应在沸水浴中保温3~5min,以免有亚稳聚合物存在。

3. 凝胶浓度 应根据未知样品的估计分子量,选择凝胶浓度。分子量在25 000~200 000的蛋白质选用终浓度为5%的凝胶;分子量在10 000~70 000的蛋白质选用终浓度为10%的凝胶;分子量在10 000~50 000的蛋白选用终浓度为15%的凝胶,在此范围内样品分子量的对数与迁移率呈直线关系。以上各种凝胶浓度其交联度都应是2.6%。

标准蛋白质的相对迁移率最好在0.2~0.8均匀分布。值得指出的是,每次测定未知物分子量时,都应同时用标准蛋白制备标准曲线,而不是利用过去的标准曲线。用此法测定的分子量只是它们的亚基或单条肽链的分子量,而不是完整的分子量。为测得精确的分子量范围,最好用其他测定蛋白分子量的方法加以校正。此法对球蛋白及纤维状蛋白的分子量测定较好,对糖蛋白、胶原蛋白等分子量测定差异较大。

(七) 试剂与器材

1. 试剂

(1) 标准蛋白质(纯品):见表11-2。

表11-2 标准蛋白质种类

标准蛋白质	来源	分子量
细胞色素 c	马心	12 500
胰凝乳蛋白酶原A	牛胰	25 000
胃蛋白酶	猪胃	35 000
卵白蛋白	鸡卵	43 000
牛血清白蛋白	牛血清	67 000

(2) 0.2mol/L、pH7.2磷酸盐缓冲液:取0.2mol/L磷酸二氢钠溶液280ml,加入0.2mol/L磷酸氢二钠溶液720ml,混匀后在pH计上调至pH7.2。此溶液用来进一步配制凝胶缓冲液、电极缓冲液和样品溶解液。

(3) 样品溶解液:0.01mol/L、pH7.2磷酸盐缓冲液,内含1%SDS,1%巯基乙醇,10%甘油,0.02%溴酚蓝。用来溶解标准蛋白质及待测蛋白质样品。配制方法如下:

SDS	100mg
巯基乙醇	0.1ml
甘油	1ml
溴酚蓝	2mg
0.2mol/L、pH7.2磷酸盐缓冲液	0.5ml
加蒸馏水至总体积	10ml

(4) 电极缓冲液:0.1%SDS,0.1mol/L、pH7.2磷酸盐缓冲液。配制方法:取1gSDS,加入500ml 0.2mol/L、pH7.2磷酸盐缓冲液,用蒸馏水定容至1000ml。

(5) 染色液:0.25g考马斯亮蓝R-250,加入50%甲醇水溶液454ml和冰乙酸46ml。

(6) 脱色液:75ml冰乙酸,875ml蒸馏水与50ml甲醇混合。

（7）SDS:市售化学纯 SDS 需重结晶后使用。重结晶方法如下:称取 20g SDS,放入 500ml 圆底烧瓶中,加约半牛角匙活性炭及 300ml 无水乙醇,搅拌,摇匀。烧瓶上接一个小冷凝管。在水浴上加热至乙醇微沸,回流约 10min,用热过滤漏斗乘热过滤。滤液应透明无色。滤液冷至室温后,移至-20℃冰箱中过夜。次日,通过预冷的布氏漏斗抽滤,用少量-20℃无水乙醇洗涤沉淀 3 次,尽量抽干,将结晶置真空干燥器中干燥或 40℃ 以下烘箱中烘干。

2. 器材

（1）电泳槽:垂直管型电泳槽。

（2）凝胶电泳玻璃管;内径 5~6mm,外径 7~8mm,长 100mm,两端用金刚砂磨平。管的内径要均匀一致,最好由同一根玻璃管截断制成。用洗液浸泡,洗净烘干。

（3）小玻塞:将直径与凝胶玻璃管相同的玻璃棒,截成约 1cm 长,两端磨平。用时以乳胶管与凝胶玻璃管相连。

（4）5ml 或 10ml 注射器,1ml 注射器。

（5）注射针头（20 号）,10cm 长注射针头（5 或 6 号）。

（6）50 或 100μl 的微量注射器。

（7）电源:直流稳压电源,电压 400~500V,电流 100mA。

思　考　题

1. SDS-PAGE 测定蛋白质分子量的主要原理是什么?

2. 什么叫 m_R?

3. 做好本实验的关键是什么?

（徐　岚）

三、蛋白质印迹分析技术（Western blotting）

（一）目的与要求

应用蛋白质印迹分析技术,分析经 SDS-PAGE 电泳分离并转移到硝酸纤维素薄膜上的细胞特定蛋白成分。

（二）实验原理

SDS-PAGE 分离后的蛋白质样品,经电转移固定在固相支持物（如:硝酸纤维素薄膜）上,固相支持物以非共价键形式吸附蛋白质。然后,以固相支持物上的蛋白质作为抗原,与相应的抗体,即第一抗体起免疫反应,再与酶、同位素或其他标记物标记的以第一抗体为抗原的第二抗体起反应,采用底物显色或放射自显影等方法即可观察分析电泳分离的特异蛋白质成分。如图 11-3 所示。

免疫印迹实验包括 5 个步骤:

1. 固定　蛋白质进行聚丙烯酰胺凝胶电泳（SDS-PAGE）,并从胶上转移到硝酸纤维素（Nitrocellulose,简称 NC）薄膜上。

2. 封闭　用牛血清白蛋白或脱脂奶粉封闭膜,主要目的是为了减少特异抗体对膜上其

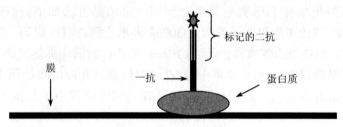

图 11-3　Western 印迹

他部位的非特异性吸附。

3. 第一抗体结合　是特异性的。

4. 第二抗体结合　对于第一抗体是特异性的并作为指示物。

5. 被适当保温后的酶标记蛋白质条带,产生可见的、不溶解状态的颜色反应。

(三) 操作步骤

1. 样品处理

(1) 在处理 10cm 直径的培养皿贴壁培养的细胞样品时,用冷 PBS 清洗后加 1ml 2×样品缓冲液后,收入离心管中,煮 5min。超声波处理 10s。10 000g 离心 5min 后取上清。

(2) 在处理组织样品时,加 5 体积裂解缓冲液于剪碎的组织中,快速匀浆。超声波处理 10s。10 000g 离心 10min 后,取上清,加等体积的 2×样品缓冲液,煮 5min。

(3) 用 BCA 法(如前实验所述)测其蛋白浓度(SDS 须低于 0.1%),也可用现成试剂盒如 Bio-Rad 公司产品测蛋白浓度。

(4) 上样电泳(在 0.75~1.0mm 厚的胶中,每孔中可上 1~10μg 蛋白)。

2. 电泳分离　按照 SDS-PAGE 要求,对样品蛋白质进行电泳分离。

3. 半干电转移　通过电场作用使凝胶相中的蛋白质转移到硝酸纤维素薄膜上。先从玻璃板内取出凝胶,将凝胶在电转移缓冲液浸泡一下(先把 Whatman 3MM 滤纸及硝酸纤维素薄膜在电转移缓冲液浸泡 10 分钟),按照图 11-4 所示夹心方法把 Whatman 3MM 滤纸、凝胶、硝酸纤维素薄膜、石墨板依顺序放好,操作时注意驱赶气泡。电转移条件为常温 1Am/cm² 恒流约 1.5 h。

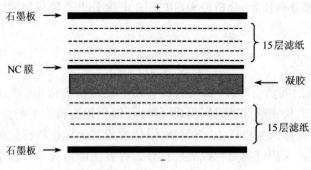

图 11-4　半干电转移示意

4. 免疫学检测

(1) 将转移好的硝酸纤维素薄膜于 ddH₂O 中浸洗数次,取 1 毫升 10 倍浓度的丽春红 S

溶液,加 9 毫升的 ddH$_2$O 混匀,于一相当于膜大小的染色皿中,小心将薄膜转移于染色皿内,其内轻摇动染色液,染色 3~10 min。然后倒弃染色液,加入少许 ddH$_2$O 漂洗数次,用铅笔标出分子量标准蛋白条带与阳性对照条带。

(2) 用 ddH$_2$O 漂洗后,将硝酸纤维素薄膜置于封闭缓冲液,室温封闭:37℃反应约 0.5 h,以封闭未吸附蛋白的部位。

(3) 取出膜,将硝酸纤维素薄膜与用封闭缓冲液适当稀释的第一抗体 37℃反应约 0.5 h,其间不停地在摇床上晃动。

(4) 取出膜,将硝酸纤维素薄膜在清洗缓冲液中晃动清洗 30 min,每 5 min 换一次清洗缓冲液。

(5) 取出膜,将硝酸纤维素薄膜与用封闭缓冲液适当稀释的酶标记第二抗体 37℃反应约 0.5 h,其间不停地在摇床上晃动。

(6) 用 50mmol/L Tris-HCl pH6.8 清洗 3 次。

(7) 加入 DAB 溶液,显色 5~10min,出现棕色带者为阳性,用自来水冲洗以终止酶的反应。保存硝酸纤维素薄膜或拍照作记录。

(四) 结果

如果所检测特异性蛋白存在,则会出现相应条带。

(五) 应用意义

Western blotting 是用于分离蛋白质的一种成熟的方法,它广泛应用于蛋白质特征和结构的研究。

(六) 注意事项

(1) 印迹法需要较好的蛋白质凝胶电泳技术,使蛋白质达到好的分离效果,而且要注意胶的质量,要使蛋白质容易转移到固相支持物上。另外,蛋白质在电泳过程中获得的条带应尽快转移到膜上,使其在随后的保温阶段下不丢失或扩散。

(2) 3,3′-二氨基联苯胺,在辣根过氧化酶的部位产生棕色条带,如果在 10ml 的底物溶液中加入 10%的氯化钴 1ml,可以增加显色反应的反差,但是由于辣根过氧化酶不能完全排除非特异性蛋白的染色,因此在显色反应时,一旦特异性蛋白条带显色清晰时,即刻终止生色反应。生色底物一般都要现用现配,临用时要加 H$_2$O$_2$ 以促进生色反应,H$_2$O$_2$ 的浓度和质量与生色的速度成正比。另外,辣根过氧化酶标记蛋白 A 可以代替辣根过氧化酶标记第二抗体。H$_2$O$_2$ 对皮肤有很强的腐蚀作用,二氨基联苯胺具有致癌毒性,配制时要戴手套。该底物一般配制成 0.5mg/ml,溶解在 50mmol/L Tris-HCl 溶液中。

(3) 防止硝酸纤维素薄膜与胶下的 Whatman 3MM 滤纸接触,以免短路。

(七) 试剂与器材

1. 试剂

(1) 裂解缓冲液:1% SDS、1.0 mmol/L 正钒酸钠盐(sodium orthovanadate)、10 mmol/L Tris pH 7.4。

(2) 2×样品缓冲液:125 mmol/L Tris pH 6.8、4% SDS、10% 甘油、0.006% 溴酚蓝、2% β-

巯基乙醇。

（3）电转移缓冲液：25 mmol/L Tris、190 mmol/L 甘氨酸、20% 甲醇。

（4）封闭缓冲液：5% 脱脂奶粉、10 mmol/L Tris pH7.5、100 mmol/L NaCl、0.1% Tween 20。

（5）清洗缓冲液：10 mmol/L Tris-HCl pH7.25、100 mmol/L NaCl、0.1% Tween 20、50mmol/L Tris-HCl pH6.8。

（6）DAB 溶液：50mmol/L Tris-HCl pH7.6 5ml；DAB（二氨基联苯胺）2.5mg；30% H_2O_2 2.5μl。

（7）10×丽春红染色液（W/V）：2% 丽春红 S、30% 三氯乙酸、30% 磺基水杨酸。

（8）第一抗体。

（9）酶标记第二抗体。

2. 器材

（1）匀浆器及 SDS-PAGE 实验的全部材料。

（2）半干电转移装置，硝酸纤维素（Nitrocellulose，简称 NC）薄膜，Whatman 3MM 滤纸。

思 考 题

1. 蛋白质印迹分析技术有何用途？

2. 为蛋白质印迹分析的成功应注意哪些？

（徐 岚 王明华）

实验 29 脂蛋白的分离、提纯和电泳鉴定

一、脂蛋白的分离、提纯

（一）目的与要求

了解脂蛋白分离及定量测定的原理与方法，基本掌握化学沉淀方法的操作过程。

（二）实验原理

应用化学沉淀法可以定量测定血浆脂蛋白。其主要步骤包括用不同的沉淀剂或不同浓度的沉淀剂将脂蛋白分开；分别测定各类脂蛋白。

多聚阴离子、去污剂、磷钨酸盐与二价金属阳离子结合使用，在 pH 接近 7.0 条件下，能沉淀全部脂蛋白。这样形成的沉淀复合物是可逆的，可以利用洗脱的方法把沉淀剂去掉，逐步增加多聚阴离子和二价阳离子的浓度，可选择性地将 VLDL、LDL 和 HDL 分别沉淀下来。以测定各类脂蛋白中胆固醇、甘油三酯及磷脂的含量。

（三）操作步骤

1. 样品准备　分析脂蛋白可用血浆也可用血清，但大多倾向于用血浆。

（1）血浆样品：用 EDTA 钠盐为抗凝剂，其浓度为每毫升血浆 1~1.5mg。样品管放在 4℃冰浴中，应在 3h 内分离，4℃以 1500g 离心 30min 分离血浆。把血浆保存在小容器中以

防蒸发,于 4℃ 保存。

(2)血清样品:取血后在室温下放置 45min。把血清取出,放在 2~4℃ 条件下,若当时不能测定,应加 EDTA(终浓度 $1×10^{-3}$ mol/L)到血清中,以防氧化作用。

(3)保存样品注意事项

1)使用 EDTA-Na$_2$ 为抗凝剂最好,不提倡用草酸盐或柠檬酸盐为抗凝剂。

2)样品应保存在 4℃ 下,并尽快进行分析。HDL-C 的分析可以用冷冻数天的样品,若需较长时间的保存样品,最好置于 -70℃ 下,这样保存的样品更加稳定。

(4)脂蛋白的沉淀试剂

1)多聚阴离子:肝素硫酸盐、硫酸右旋糖酐、磷钨酸钠。

2)阴离子去污剂:SDS、聚乙二醇、鱼精蛋白。

3)二价阳离子:Mn^{2+}、Mg^{2+}、Ca^{2+}。

2. 高密度脂蛋白胆固醇总量的测定方法和步骤

(1)样品放在室温下,取 2.0ml 样品放入 15ml 的离心管中。

(2)加 80μL 肝素(35mg/ml)到每一管样品,彻底混匀,避免气泡。

(3)加 100μL 1.0mol/L MnCl$_2$ 到每管样品,并彻底混合。

(4)形成的白色沉淀沉于管底后,把样品管放在冰浴上 30min。

(5)4℃、1500g 离心 30min,沉淀紧压在底部,上清液应清亮。

(6)移出 1 份上清液进行胆固醇分析。

3. 高密度脂蛋白亚类的测定方法和步骤

(1)沉淀含 apoB 的脂蛋白,取 3.0ml 样品到 15ml 的离心管中。

(2)加 300μl 混合试剂(Heparin-MnCl$_2$),彻底混匀,避免气泡(沉淀剂的最后浓度为 0.019mol/L MnCl$_2$ 和 1.3mg/ml Heparin)。

(3)沉淀样品放室温下 20min。

(4)4℃、1500g 离心 1h。

(5)取一份上清液测总 HDL 胆固醇;取另一份用于 HDL$_2$ 的沉淀。

(6)取 2.0ml Heparin-MnCl$_2$ 沉淀的上清液转移到离心管中。

(7)加 200μL DS 混匀,DS 的终浓度为 1.3g/L。

(8)沉淀样品在室温放 20min。

(9)4℃、1500g 离心 30min;清亮的上清液代表 HDL$_3$。

(10)取 1 份 HDL$_3$ 溶液测胆固醇。

(四)结果与计算

参见测定胆固醇办法,总 HDL 胆固醇含量应乘以系数 1.10,而 HDL$_3$ 的含量应乘以系数 1.21,以修正所加试剂对样品的稀释总 HDL 胆固醇减去 HDL$_3$ 胆固醇含量,即得到 HDL$_2$ 胆固醇含量。

(五)应用意义

高密度脂蛋白中总胆固醇含量的变化主要是由于 HDL$_2$ 浓度改变所引起。HDL 水平常由于饮食、体育锻炼以及其他因素而改变,其中主要是 HDL$_2$ 含量的变化。近来,HDL$_2$ 和 HDL$_3$ 可用分析和制备超速离心方法加以分离。但是,这些方法不宜用于大量样品。因此,现在用化学方法分别沉淀 HDL 亚类,以达到分别测定的目的。沉淀方法快速、简单易行。主要利用双沉淀法,首先沉淀含 apoB 的脂蛋白。HDL_2 是从清亮的含 HDL 的上清液中沉淀出来。先测定总 HDL 中的胆固醇,再测 HDL_3 中的胆固醇,总 HDL 胆固醇和 HDL_3 胆固醇之差就是 HDL_2 所含胆固醇。

(六) 注意事项

(1) 精确度:本法已广泛使用。与用超速离心法所得脂蛋白样品测定结果相比,两种方法的误差在 0.02~0.04g/L 之间。

(2) 试剂浓度:$MnCl_2$ 的最后浓度是 0.046mol/L,肝素的最后浓度是 1.3mg/mL。这个浓度足以沉淀所有含 apoB 的脂蛋白,而不沉淀 HDL_2 和 HDL_3。

(3) 高甘油三酯样品的处理:样品中甘油三酯含量较多可引起肝素-锰-脂蛋白复合物沉淀不完全,为减少对测定精确性的干扰,可用以下处理手段避免误差过大。①首先用超离心方法去除含甘油三酯丰富的脂蛋白,而后再用此沉淀法。这种方法所测结果稍低于原血浆所测的结果。②过滤法:去除不沉淀的脂蛋白复合物,一般用 0.22μm 滤膜。③在进行沉淀之前,用生理盐水稀释混浊的血浆。④得到混浊的上清液之后,用高速离心手段使上清液清亮。

(七) 试剂与器材

(1) 1.0mol/L $MnCl_2 \cdot 4H_2O$:将 $MnCl_2 \cdot 4H_2O$ 19.79lg 溶解在蒸馏水中,转移至 100ml 容量瓶中,用水补充到刻度。溶液保存在冰箱或每月新鲜配制。

(2) 肝素(porcine intestinal mueosa):有干粉和针剂两种。干粉为肝素钠盐,其最终浓度为 35mg/ml,以生理盐水为溶剂。针剂的浓度较高,用生理盐水稀释到最后浓度为 5000USP 单位/ml。这个浓度相当于 35mg/ml,保存于冰箱,至少可用 1 个月。

(3) 1.12mol/L $MnCl_2 \cdot 4H_2O$:将 22.16g $MgCl_2 \cdot 4H_2O$ 溶解在蒸馏水中,再转移到 100ml 容量瓶中,加水到刻度,4℃保存。

(4) 135mg/ml Heparin:溶解 2.025g 肝素钠粉在水中,稀释到 15ml。若是针剂,用 H_2O 稀释至 20 000USP 单位/mL。于 4℃保存。

(5) 混合试剂:取上述 Heparin 溶液 6.0ml,$MnCl_2$ 溶液 50mL,混合。混合后的沉淀剂浓度分别为 1.0mol/L $MnCl_2$ 和 14.5mg/ml Heparin,于 4℃保存。

(6) 14.3g/L DS(Mr 15 000):溶解 1.430g DS 在生理盐水中,定量稀释至 100mL,于 4℃保存。

思 考 题

1. 脂蛋白分离纯化有哪几种方法?
2. 简述脂蛋白分类及功能特点。

二、脂蛋白琼脂糖凝胶电泳鉴定

(一) 目的与要求

掌握血清脂蛋白分类,了解各类脂蛋白的半寿期和主要功能,以及各类脂蛋白的临床意义。

（二）实验原理

以琼脂糖作支持物,将经脂类染料苏丹黑预染过的血清,用挖槽法置于凝胶板上进行电泳分离。通电后,可以看到脂蛋白向正极移动并分离出几条区带。

（三）操作步骤

1. 预染血清　血清 0.2ml 中加入苏丹黑 B 染色液 0.02ml 及无水乙醇 0.01ml,混匀后置 37℃ 水浴 30min,2000r/min 离心 5min。

2. 制备琼脂糖胶板　将 4g/L 的琼脂糖凝胶置沸水浴中加热融化,用吸管取凝胶溶液约 3ml 注于载玻片上,静置至凝固。

3. 加样　在已凝固的琼脂糖凝胶板距一端 2.5cm 处,用厚约 0.1~0.2cm、宽约 1cm 的玻片(或有机玻璃片)垂直切入形成小槽,用滤纸条吸去水分,再用一细长滴管将预染好的血清加入槽内。

4. 电泳　将点样的凝胶板放入电泳槽中,样品近负极端,凝胶板两端分别用 4 层在电泳缓冲液中浸透的滤纸(或纱布)搭桥,接通电源,电压 100~120V,电泳约 45min。

（四）结果与计算

1. 结果　正常人血清脂蛋白可分离出 2 条或 3 条区带,从正极到负极依次为 α-脂蛋白、前 β 脂蛋白(有时无)及 β 脂蛋白,在原点应为乳糜微粒。

2. 定量　用刀片切下凝胶板上的各脂蛋白色带,另在空白区切一块平均大小的凝胶作为空白对照,分别置于盛有 3.0ml 蒸馏水的试管中。各管置沸水浴中 3min,使凝胶融化,冷至室温后在 660nm 处比色,记录光密度。

$$各区带光密度总和 \ T = OD_1 + OD_2 + OD_3 + OD_4$$

$$各脂蛋白的百分数 = \frac{该脂蛋白的光密度}{T} \times 100\%$$

（五）注意事项

(1) 制板时,载玻片置水平面上,吸管口垂直于玻片中央,让琼脂糖快速流出,自然铺满整个玻片。

(2) 琼脂糖凝胶娇嫩易坏,应将铺好的琼脂糖凝胶板放在不易碰撞的地方。

（六）试剂与器材

1. 试剂

(1) 电泳缓冲液:pH8.6,离子强度 0.075。巴比妥钠 15.5g,1mol/L HCl 12ml,加蒸馏水定容至 1000ml。

(2) 凝胶缓冲液:pH8.6,离子强度 0.05。巴比妥钠 10.3g,1mol/L HCl 8ml,加蒸馏水定容至 1000ml。

(3) 琼脂糖凝胶:4g/L,用凝胶缓冲液稀释,水浴煮沸溶解。

(4) 染色液:10g/L 苏丹黑 B 的石油醚-乙醇(1:4,V/V)溶液。

2. 器材　水平电泳槽、电泳仪、水浴箱(水浴锅)、离心机、分光光度计、比色皿等。

思 考 题

1. 简述脂蛋白电泳原理。
2. 脂蛋白电泳操作时应注意哪些因素？

(郭 琳 徐 岚)

实验 30　大肠杆菌感受态细胞的制备及质粒 DNA 分子导入原核细胞、提取、纯化鉴定

一、感受态细胞的制备及转化实验

(一) 目的与要求

本实验以氯化钙法制备 *E. coli* DH5α，转化质粒，并用含抗生素的平板培养基筛选转化体。通过本实验，掌握外源质粒转化入大肠杆菌的操作技术。

(二) 实验原理

转化的概念来源于遗传学，细菌细胞的生物学特性由于吸收外源 DNA 而发生遗传特征的改变叫作转化。细菌处于容易吸收外源 DNA 状态称感受态，用理化方法诱导细菌进入感受态的过程称为致敏过程。重组 DNA 转化细菌的技术操作关键就是人工诱导细菌细胞进入敏感的感受态，以便吸收外源 DNA 进入细胞内。

转化过程中所用的受体细胞经过一些特殊方法(如电击法、$CaCl_2$ 等化学试剂)的处理后，细胞膜的通透性发生变化，成为能容许带有外源 DNA 的载体分子通过的感受态细胞(competence cell)。基因工程技术中最常用的是氯化钙转化技术，目前比较认同的原理是：细菌处于 0℃、$CaCl_2$ 低渗溶液中，细胞膨胀形成球状，经 42℃短时间热冲击处理，促进细胞吸收 DNA 复合物，之后细菌在富含营养的培养基上生长，球状细胞复原并分裂繁殖，在被转化的细菌中，重组质粒中基因得到表达，因而在选择性培养基上生长，球状细胞复原并分裂繁殖，被转化的细菌中基因得到表达，因而在选择性培养基平板中，可以选出阳性细菌转化子。

本实验以 *E. coli* DH5α 菌株为受体细胞，用 $CaCl_2$ 处理受体菌使其处于感受态，然后与质粒共保温，实现转化，质粒携带有抗药性基因(抗氨苄西林或抗四环素)，因而使接受了该质粒的受体菌具有抗氨苄西林或抗四环素的特性。将经过转化后的全部受体细胞经过适当稀释，在含氨苄西林平板的培养基上培养，只有转化体才能存活，而未受转化的受体细胞则因无抵抗氨苄西林的能力而死亡。转化体经过进一步纯化扩增后，可再将转入的质粒 DNA 分离提取出来，进行重复转化、电泳、电镜观察，并作限制性内切酶图谱、分子杂交或 DNA 测序等实验鉴定。

(三) 操作步骤

1. 感受态细胞的制备

(1) 用接种环挑取单克隆大肠杆菌的 DH5α 菌落于 3~5ml LB 液体培养基中，37℃振荡过夜培养。

(2) 次日取菌液 1ml 接种于 100ml LB 培养基中，37℃剧烈振荡培养约 2~3h，(振荡速

度为 200~250r/min),待 OD600 值达到 0.3~0.4 时将烧瓶取出,立即置冰浴 10~15min。

(3) 自该步骤起需无菌操作。在无菌条件下将细菌转移到一个灭菌处理过的用冰预冷的 50ml 离心管中。

(4) 4℃离心,4000g×10min 回收细胞。

(5) 弃去培养液,将管倒置于滤纸上 1min,以使最后残留的培养液流尽。

(6) 加用冰预冷的 0.1mol/L CaCl$_2$ 10ml 重悬菌体,置冰浴 30min。

(7) 4℃离心,4000g×10min,弃去上清液,倒置于滤纸上 1min。

(8) 再加 4ml 用冰预冷的 0.1mol/L CaCl$_2$ 溶液,小心悬浮菌体,冰上放置片刻,即制成感受态细胞悬液。

(9) 以上制备好的感受态细胞悬液,放置冰箱 12~24h,即可应用于转化实验。也可进行冻存保留,每份取感受态细胞 400μl,并加入终浓度为 15% 的甘油保存液,混匀后分装于 Eppendorf 管中,置于-70℃条件下,可保存半年。

2. 细胞的转化

(1) 无菌状态下取新鲜感受态细胞悬液 200μl 于灭菌管内,加入质粒 DNA 2μl(含量为 50ng 左右),该溶液为转化反应原液。如果使用冻存的感受态细胞时,则将其从-70℃冰箱取出,冰浴化开,立即吸取 200μl 于灭菌管内,剩余的感受态可弃去,不能再冻存复用。

(2) 同时做两个对照管:①受体菌对照组:感受态细胞悬液+无菌双蒸水 ② 质粒对照组:0.1mol/L CaCl$_2$ 溶液 100μl+质粒 DNA 溶液 2μl。

(3) 将以上各样品轻轻摇匀,冰上放置 30min 后,42℃热休克 90s,不要摇动试管,然后迅速置冰浴中冷却 2~3min。

(4) 上述各管中分别加入 400μl LB 液体培养基,摇匀后于 37℃温浴 45min。(若要获得更高的转化率,此步也可振荡培养),使受菌体恢复正常生长状态,并使转化体产生抗药性。

3. 稀释和平板培养　将上述培养的转化反应原液,用 LB 培养基十倍梯度稀释,取适当稀释度的各样品培养液 200μl,分别接种于含抗生素和不含抗生素的 LB 培养基上涂匀。

菌液完全被培养基吸收后,倒置培养皿,于 37℃恒温培养箱内培养 12~16h,待菌落生长良好而又未相互重叠时停止培养。

(四) 结果与计算

统计每个培养皿中的菌落数,各实验组培养皿内菌落生长状况如表 11-3 所示。

表 11-3　各实验组在培养皿内菌落生长状况及结果分析

	不含抗生素培养基	含抗生素培养基	结果说明
转化实验组	有大量菌落长出	有菌落长出	质粒进入受体菌产生抗药性
质粒 DNA 对照组	无菌落长出	无菌落长出	质粒 DNA 溶液不含杂菌
受体菌对照组	有大量菌落长出	无菌落长出	本实验未产生抗药性突变株

由表 11-3 可知,转化实验组含抗生素培养基平皿中长出的菌落即为转化体,根据此皿中的菌落数则可计算出转化体总数和转化频率,计算公式为:

$$转化体总数=菌落数×稀释倍数×转化反应总体积/涂板菌液总体积$$
$$转化频率=转化总数/加入质粒 DNA 的质量$$

再根据受体菌对照组不含抗生素平皿中检出的菌落数,则可求出转化反应液内受体菌总数,进一步计算出本实验条件下,由多少受体菌可获得一个转化体。

(五) 应用意义

此方法是获得大量的纯重组质粒 DNA,满足进一步 DNA 的序列测定、外源基因的宿主细胞表达、制备探针 DNA 等需要,它是分子遗传、微生物遗传、基因工程等领域的基本实验技术。

(六) 注意事项

为提高转化率,实验中要注意以下几个重要因素:

(1) 细胞生长状态和密度。制备感受态细胞前,要保证培养的宿主菌应该处于对数生长期且繁殖代数应基本一致,这也是细菌作转接培养并测其 OD 值的原因。细胞生长密度以每毫升培养液中的细胞数在 $5×10^7$ 个范围为最佳。密度不足或过高均会使转化率下降。不要使用已经过多次转接及贮存在 4℃ 的培养菌液,否则效果欠佳。

(2) 转化的质粒 DNA 的质量和浓度。用于转化的质粒 DNA 应主要是共价闭环 DNA;转化率与外源 DNA 的浓度在一定范围内成正比,但当加入的外源 DNA 的量过多或体积过大时,则会使转化率下降。

(3) 若转化的为重组 DNA,则应做阳性对照(加入载体 DNA)、阴性对照(不加任何 DNA),正常转化结果应该是阴性对照平板上不出现菌落,阳性对照平板上有较高的转化率,重组转化体数目则介于两者之间。

(4) 制备感受态细胞的过程中,每一步操作的动作都要轻柔,尤其是悬浮细胞时要避免用旋涡混合器。

(5) 做转化菌 42℃ 热休克并冷却时,时间要准动作要快。

(6) 转化菌涂平板前抗生素的量要足够,涂布细菌时菌量不要太多,培养时间不要超过 16h。否则抗生素会被消耗掉,未转化菌也会生长。

(7) 在对照组不该长出菌落的平皿中长出了一些菌落,首先确定是否抗生素已失效,若排除了这一因素,则说明实验有污染。如果长出的菌落相对于转化实验组的平皿中长出的菌落而言,数量及少(一般在 5 个以下),则此次转化还算成功,可继续以后的实验,若长出的菌落很多,则需设计对照实验,找出原因后,再重新进行转化。

(8) 根据所需质粒 DNA 的特性,选择相应的选择性培养基进行筛选,有的可能还需进行多步筛选。

(七) 试剂与器材

1. 试剂

(1) LB 培养基,氨苄西林 50mg/ml。

(2) 含抗生素的 LB 平板培养基:将配好的 LB 固体培养基高压灭菌后,冷却至 60℃ 左右,加入氨苄西林贮存液,使其终浓度为 60μg/ml,摇匀后铺板。

(3) 0.1mol/L $CaCl_2$ 溶液:每 100ml 溶液含 $CaCl_2$(无水、分析纯) 1.1g,用双蒸水配制,灭菌处理。

2. 器材　恒温摇床、电热恒温培养箱、无菌超净台、恒温水浴箱、分光光度计、冷冻离心

机、移液枪、Eppendorf 管等、*E. coli* DH5α 受体菌、质粒 DNA。

思　考　题

1. 何谓感受态细胞？
2. 什么叫转化、转染？
3. 制备感受态细胞时需注意哪些？

二、质粒 DNA 的提取、纯化和鉴定

（一）目的与要求

本实验学习碱裂解法对大肠杆菌中质粒 DNA 的抽提和纯化，掌握质粒 DNA 的小量制备方法和原理；并通过限制性内切酶的酶切和琼脂糖凝胶电泳，以鉴定酶切效果，同时可鉴定质粒 DNA 的提取纯度。

（二）实验原理

分离质粒的方法很多。目前常用的碱裂解法。碱裂解法抽提质粒 DNA 是基于染色体 DNA 与质粒 DNA 的变性与复性的差异而达到分离的目的。在 pH 高达 12.6 的条件下，染色体 DNA 的氢键断裂，双螺旋结构解开而变性。质粒 DNA 的大部分氢键也断裂，但它的超螺旋共价闭合环状的两条互补链不会完全分离，当以 pH4.8 的乙酸钠高盐缓冲液去调节其 pH 至中性时，变性的质粒 DNA 又恢复原来的构型，存在于溶液中。染色体 DNA 不能复性而形成缠连的网状结构。通过离心，染色体 DNA 与不稳定的 RNA、蛋白质-SDS 复合物一起沉淀而被除去。再进一步利用酚、氯仿这两种蛋白质变性剂去除蛋白杂质，用无水乙醇沉淀质粒 DNA，可得到纯化的质粒 DNA。

限制性内切酶分三类，其中第 II 类限制性内切酶是分子生物学常用的工具酶。各种限制性内切酶能专一地识别碱基顺序，识别碱基数目一般为 4~6bp 长度范围。识别顺序都是具有回文结构，其结构特点是顺读和倒读其 DNA 序列相同。内切酶在此序列的特异位点上切断磷酸二酯键，从而切断 DNA 双链。各种限制性内切酶均有其各自的最适反应条件，如温度、pH、盐浓度。限制性内切酶的量多以活性单位来表示，一个活性单位是指在一定的温度下，一小时切割 1μg DNA 中所有专一位点所需的酶量。内切酶消耗的体积，一般来说酶切 0.2~1.0μg 的 DNA 时控制反应体积为 15~20μl。根据酶解 DNA 的数量，按比例放大体积。

对不同的 DNA，内切酶的用量有所不同，做单酶切和双酶切时，酶的用量也有所差异。另外，不同酶切反应都需要不同的酶切缓冲液，多数生物技术公司的产品目录中均有关于何种限制性内切酶适合何种缓冲液的资料可供查阅。如果用两种限制性内切酶酶解同种 DNA 时，要注意酶切缓冲液是否一致。如果一致可在同一体系中加两种酶或各切一半 DNA，电泳检查切开后，再合并体系，继续酶切 1h。如果酶缓冲液不同，原则上先切低盐浓度缓冲液的酶，电泳检查切好后，再补加高浓度盐和另一种酶继续酶切相应时间。现双酶切所需的缓冲液可参考资料使用通用缓冲液（general buffer）。

酶切产物可用琼脂糖凝胶电泳来鉴定。凝胶电泳是 DNA 分离、纯化、鉴定常用的方法，在 pH8.0 的缓冲液中，核酸带负电荷，在电场中向正极移动，由于分子筛效应，可将大小和构象不同的核酸分子分离。琼脂糖是 DNA 分离、纯化、鉴定最常用的电泳介质，不同浓度的

凝胶可分离不同分子大小的 DNA 片段。

（三）操作步骤

1. 质粒 DNA 的碱裂解法的提取与纯化

（1）挑取 LB 固体培养基上生长的 *E.coli* 单菌落,接种于 3.0ml LB（含 60μg/ml 氨苄西林溶液）37℃振荡过夜,（约 12~14h）。

（2）取 1.5ml 培养物倒入微量离心管中,室温离心 8000r/min 1min,弃上清,倒扣,使液体尽可能流尽。

（3）将细菌沉淀重悬于 100μl 预冷的溶液 I 中,剧烈振荡,使菌体分散混匀。

（4）加 200μl 新鲜配制的溶液 II,盖严管盖温和地颠倒数次混匀,室温静止 5min。

（5）加入 150μl 预冷的溶液 III,将管温和颠倒数次混匀,冰浴 5min。

（6）10 000r/min 离心 5min,取上清至一个新的 Eppendorf 管中。

（7）加入等体积的苯酚/氯仿/异戊醇,振荡混匀,4℃离心 12 000r/min 10min。

（8）小心吸取上清,并转移至另一 EP 管,不能将蛋白层吸出。

（9）加入 2.5 倍体积预冷的无水乙醇,混匀置-20℃ 10min。4℃离心 12 000r/min 15min。

（10）弃上清,留沉淀,1ml 预冷的 70% 乙醇洗涤沉淀 1~2 次,8000r/min 7min,取沉淀,温箱或超净台干燥 DNA。

（11）沉淀溶于 20μl TE（含 RNase A 20 μg/ml）,37℃水浴 30min 以降解 RNA 分子,消化后的 DNA 样品-20℃保存。

2. 限制性内切酶的使用

（1）酶切反应在灭菌的 0.5ml 的 EP 管中进行。分别加入以下试剂:

ddH$_2$O	16.5 μl
10×Buffer	2 μl
质粒 DNA	1 μl(0.2~1μg)
限制性内切酶	0.5 μl(1~2U)
总体积	20 μl

限制性内切酶最后加入,混匀后短暂离心,放置于最适温度水浴并按所需时间温育,大多为 37℃水浴 1~1.5h。

（2）酶切结束后,65℃水浴 10min 以终止反应。

3. DNA 的琼脂糖凝胶电泳

（1）在酶切反应的同时制备 1% 琼脂糖凝胶:琼脂糖粉 1g 加入 0.5×TBE 100ml 中,加热至琼脂糖完全溶解,冷至 60℃时,加溴乙啶至 0.5μg/ml。倒入插好梳子的胶槽,凝固 30~45min。

（2）电泳:取质粒酶切产物 10μl,加入上样缓冲液 2μl,混匀上样,以未经酶切的质粒或酶切的空载体作对照,并加入标准分子量 marker,采用 80~100V 的电压,使 DNA 分子从负极向正极移动,待溴酚蓝迁移至凝胶长度的 2/3 左右,停止电泳,取出凝胶。

（3）在紫外检测仪上观察电泳结果。

（四）结果与计算

如图 11-5 所示。

（五）应用意义

限制性内切酶在体内的功能是保护自身,防止异种 DNA 侵入,基因突变时也能切除异常碱基,再经修复变为正常。在体外,人们首先应用它研究 DNA 的结构和功能,分离基因,制作遗传图谱;它也是重组 DNA 技术的重要工具。

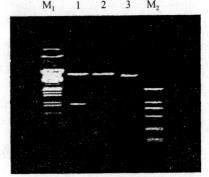

图 11-5　质粒酶切图谱

M_1、M_2:Marker　标准分子量 DNA;1. 载体（上）与插入片段（下）;2. 空载体;3. 超螺旋质粒（未经酶切质粒）

（六）注意事项

（1）质粒提取时,所用试剂、器皿和实验用具要求严格灭菌。

（2）加入溶液后一定要充分混匀菌体,否则影响最后得率。

（3）酚、氯仿抽提离心后,吸取上清时注意不可将水相与有机相之间的界面破坏,否则提取的质粒 DNA 中会残留酚、氯仿,影响以后酶切等操作。

（4）乙醇沉淀 DNA 离心,70%乙醇漂洗后,要把离心管四周的上清液抽干或自然挥发,否则用 TE 缓冲液溶解质粒 DNA 时,既困难又容易被残留乙醇污染,影响后续对 DNA 处理。

（5）酶切反应时,DNA 样品和限制性内切酶的用量都极少,必须严格注意吸样量的准确性和保证加入的试剂、样品处于同一反应体系。要注意酶切时加样的次序,一般次序为水、缓冲液、DNA 各项试剂,最后才加限制性内切酶。取液时,枪头要从溶液表面吸取,以防止枪头沾上过多的液体,待用的内切酶要放在冰浴内,加酶的操作尽可能快,用完后盖紧盖子,立即放回−20℃冰箱,以免限制性内切酶的失活。

（6）每次取酶时都应更换一个无菌吸头,以免酶被污染。

（7）溴乙啶(EB)为致变剂,使用时应戴手套,尤其不要污染到桌面或其他器械上,含 EB 的手套不要随便乱丢。

（七）试剂与仪器

1. 试剂

（1）带有质粒的大肠杆菌。

（2）溶液Ⅰ:25mmol/L Tris-HCl;10mmol/L Na_2EDTA;50mmol/L 葡萄糖

（3）溶液Ⅱ:0.2mol/LNaOH;1%SDS。使用前新鲜配制。

（4）溶液Ⅲ:取 5mol/L KAc 60ml,冰乙酸 11.5ml,加 ddH_2O 至 100ml。

（5）苯酚:氯仿:异戊醇(25:24:1)。

（6）无水乙醇。

（7）70%乙醇。

（8）TE:10mmol/L Tris-Cl(pH8.0),1mmol/LEDTA(pH8.0)。

（9）RNase A:不含 DNA 酶(DNA-free) RNaseA,10mg/ml,TE 配制,沸水加热 15min,分装后储存于−20℃。

2. 仪器和材料　恒温摇床、电热恒温培养箱、无菌超净台、恒温水浴箱、冷冻离心机、移液枪、Eppendorf 管等。

思 考 题

1. 质粒分离提取的主要原则有哪些?
2. 怎样用电泳法测定未知 DNA 片段的分子量?

(徐　岚　孙自玲)

实验 31　碱性磷酸酶的纯化及比活性和 K_m 值的测定

(一) 目的与要求

熟悉从生物样品中提取分离纯化酶的一般方法;掌握碱性磷酸酶(AKP)比活性的测定原理和方法;学习作图法求 AKP 的 K_m 值。

(二) 实验原理

酶的提取、分离及纯化的方法与蛋白质相似,一般有中性盐盐析法(如硫酸铵盐析等)、电泳法(如聚丙烯酰胺凝胶电泳等)、层析法(如葡聚糖凝胶层析等)和有机溶剂沉淀法(如乙醇、丙酮、乙醚、正丁醇提取等)。通常要多种方法配合使用,才能得到纯酶。

本法采用有机溶剂从兔肝中提取分离碱性磷酸酶(alkaline phosphatase,AKP)。低浓度的乙酸钠可加速细胞膜破裂;乙酸镁对 AKP 有保护和稳定的作用;正丁醇能使部分杂蛋白变性,过滤除去杂蛋白即为含有 AKP 的提取液。AKP 能溶于低浓度的乙醇或丙酮中,而不溶于较高浓度的乙醇或丙酮中,通过多次离心重复分离提取即可得到初步纯化的 AKP。

据国际酶学委员会规定,酶的比活性(specific activity)用每毫克蛋白质具有的酶活性单位[U/(mg·pr)]来表示。因此,样品的比活性必须测定:①每毫升样品中的酶活性单位数(U/ml);②每毫升样品中的蛋白质含量(mg/ml)。酶的纯度越高比活性也就越高。本实验用磷酸苯二钠为底物,AKP 能分解磷酸苯二钠产生酚和磷酸盐,酚在碱性溶液中与 4-氨基安替比林作用,经铁氰化钾氧化生成红色的醌衍生物,根据红色深浅可测出酶活力高低。AKP 的活性单位(King-Armstrong 法)定义为:37℃保温 15min,每产生 1mg 的酚为 1 个酶的活性单位。样品中蛋白质含量测定用 Folin-酚试剂法(或双缩脲法)。

利用在不同底物浓度的条件下测定的酶活性,按双倒数(Lineweaver-Burk 氏法)作图,可从横轴上的截距求出 AKP 的 K_m 值。

(三) 操作步骤

1. AKP 提取、分离纯化的操作流程　如图 11-6 所示(匀浆 1 次,离心 5 次,收集 5 管。以在 0~4℃操作为宜)。

2. AKP 的比活性测定

(1) AKP 的活性测定:取试管 6 支,按表 11-4 操作:

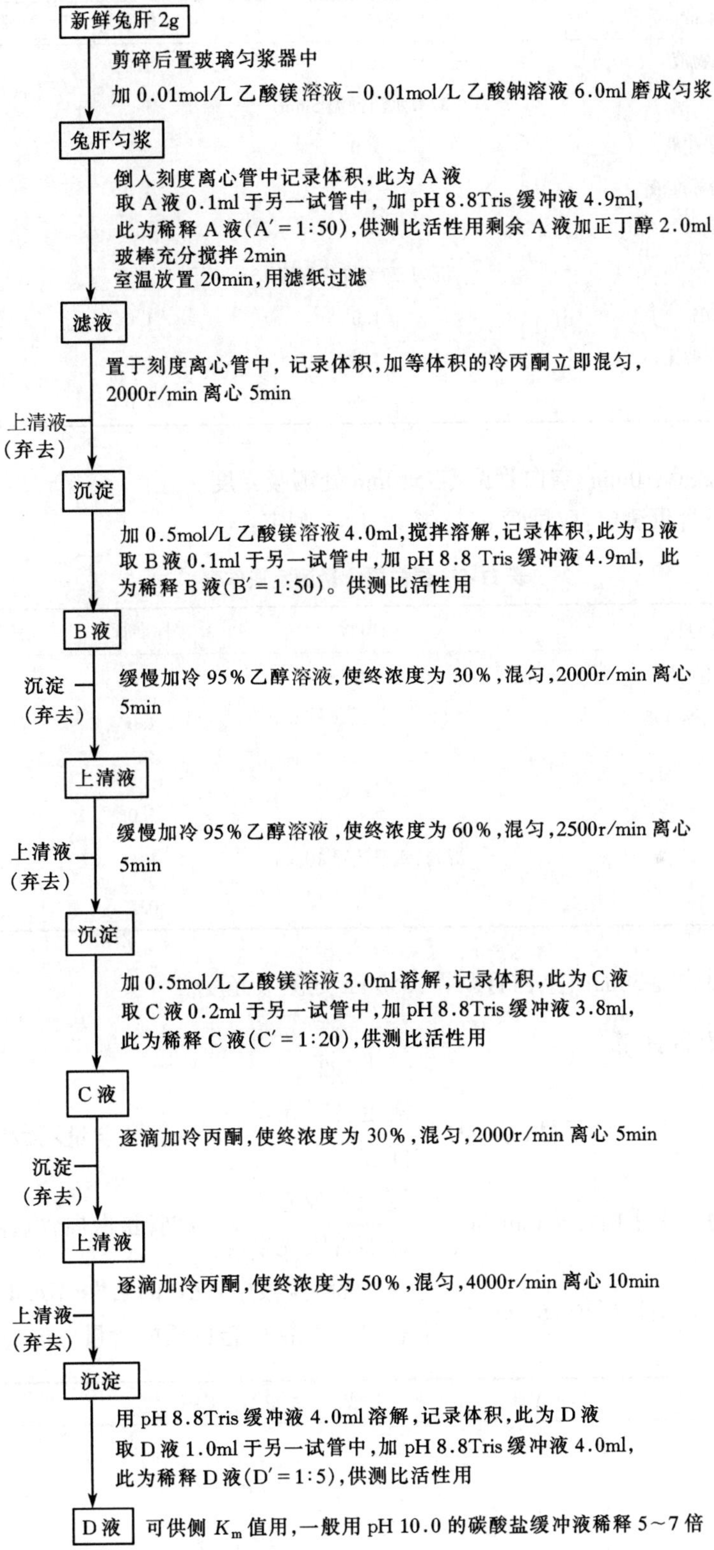

新鲜兔肝 2g

　剪碎后置玻璃匀浆器中

　加 0.01mol/L 乙酸镁溶液 – 0.01mol/L 乙酸钠溶液 6.0ml 磨成匀浆

兔肝匀浆

　倒入刻度离心管中记录体积,此为 A 液
　取 A 液 0.1ml 于另一试管中,加 pH 8.8Tris 缓冲液 4.9ml,
　此为稀释 A 液(A′ = 1:50),供测比活性用剩余 A 液加正丁醇 2.0ml,
　玻棒充分搅拌 2min
　室温放置 20min,用滤纸过滤

滤液

　置于刻度离心管中,记录体积,加等体积的冷丙酮立即混匀,
　2000r/min 离心 5min

上清液
(弃去)

沉淀

　加 0.5mol/L 乙酸镁溶液 4.0ml,搅拌溶解,记录体积,此为 B 液
　取 B 液 0.1ml 于另一试管中,加 pH 8.8 Tris 缓冲液 4.9ml, 此
　为稀释 B 液(B′ = 1:50)。供测比活性用

B 液

沉淀
(弃去)
　缓慢加冷 95% 乙醇溶液,使终浓度为 30%,混匀,2000r/min 离心
　5min

上清液

上清液
(弃去)
　缓慢加冷 95% 乙醇溶液,使终浓度为 60%,混匀,2500r/min 离心
　5min

沉淀

　加 0.5mol/L 乙酸镁溶液 3.0ml 溶解,记录体积,此为 C 液
　取 C 液 0.2ml 于另一试管中,加 pH 8.8Tris 缓冲液 3.8ml,
　此为稀释 C 液(C′ = 1:20),供测比活性用

C 液

沉淀
(弃去)
　逐滴加冷丙酮,使终浓度为 30%,混匀,2000r/min 离心 5min

上清液

上清液
(弃去)
　逐滴加冷丙酮,使终浓度为 50%,混匀,4000r/min 离心 10min

沉淀

　用 pH 8.8Tris 缓冲液 4.0ml 溶解,记录体积,此为 D 液
　取 D 液 1.0ml 于另一试管中,加 pH 8.8Tris 缓冲液 4.0ml,
　此为稀释 D 液(D′ = 1:5),供测比活性用

D 液　可供侧 K_m 值用,一般用 pH 10.0 的碳酸盐缓冲液稀释 5~7 倍

图 11-6　AKP 提取、分离纯化的操作流程

表 11-4　AKP 的活性测定操作表

试剂(ml)	空白管	标准管	测定管(4 支)
0.04mol/L 底物液	1.0	1.0	1.0
37℃水浴预温 5min			
pH 8.8 Tris 缓冲液	1.0	—	—
0.01mg/ml 酚标准液	—	1.0	—
待测酶液	—	—	1.0
混匀,37℃准确保温 15min			
0.5mol/L NaOH	1.0	1.0	1.0
3g/L 4-氨基安替比林	1.0	1.0	1.0
5g/L 铁氰化钾	2.0	2.0	2.0

混匀,室温放置 10min,空白管调零,510nm 处测吸光度。

(2) 蛋白质含量测定:取试管 6 支,按表 11-5 测定:

表 11-5　蛋白质含量测定操作表

试剂(ml)	空白管	标准管	测定管(4 支)
pH 8.8 Tris 缓冲液	1.0	—	—
0.1mg/ml 蛋白标准液	—	1.0	—
待测酶液	—	—	1.0
碱性铜试剂	5.0	5.0	5.0
混匀,室温放置 10min			
酚试剂	0.5	0.5	0.5

混匀后室温放置 30min,空白管调零,650nm 处测吸光度。

(四) 结果与计算

(1) 待测酶液中 AKP 活性(U/ml) $= \dfrac{测定管吸光度}{标准管吸光度} \times 标准管酚含量 \times 稀释倍数$

(2) 待测酶液中蛋白含量(mg/ml) $= \dfrac{测定管吸光度}{标准管吸光度} \times 标准管蛋白质含量 \times 稀释倍数$

(3) AKP 的比活性(U/mg·pr) $= \dfrac{每\,ml\,待测酶液中\,AKP\,的活性(U/ml)}{每\,ml\,待测酶液中蛋白质的含量(mg/ml)}$

项目	A 液	B 液	C 液	D 液
a. 总体积(ml)				
b. 酶活性(U/ml)				
c. 蛋白质含量(mg/ml)				
d. 比活性(U/mg·pr)b/c				

(4) AKP 的 K_m 值测定

1）取大试管 8 支,按表 11-6 操作。

表 11-6　AKP 的 K_m 值测定操作表

试剂(ml)	试管中							
	1	2	3	4	5	6	7	0
0.04mol/L 底物液	0.15	0.20	0.25	0.30	0.40	0.60	0.80	0
pH 10.0 碳酸盐缓冲液	0.90	0.90	0.90	0.90	0.90	0.90	0.90	0.90
蒸馏水	0.85	0.80	0.75	0.70	0.60	0.40	0.20	1.00
	混匀,37℃预温 5min							
AKP 液	0.10	0.10	0.10	0.10	0.10	0.10	0.10	0.10
	混匀后置 37℃水浴,立即计时,准确保温 15min							
0.5mol/L NaOH	1.00	1.00	1.00	1.00	1.00	1.00	1.00	1.00
3g/L 4-氨基安替比林	1.00	1.00	1.00	1.00	1.00	1.00	1.00	1.00
5g/L 铁氰化钾	2.00	2.00	2.00	2.00	2.00	2.00	2.00	2.00

充分混匀,放置 10min,用 0 管调零,510nm 处测吸光度。

2）作图:所测各管的吸光度(A)代表各管中反应速度(v)。以各管(A)的倒数 $1/A$(即 $1/v$)为纵坐标,以底物浓度[S]的倒数 $1/[S]$ 为横坐标作图,求 AKP 的 K_m 值。

(五) 注意事项

(1) 操作中加入的有机溶剂量要准确。

(2) 乙醇丙酮试剂应逐滴缓慢加入并立即混匀后离心。

(3) 比活性测定中测蛋白质时,采用稀释 A 液还需再用 pH8.8 Tris 缓冲液稀释 10 倍(此时共稀释 500 倍)。

(4) 本实验可根据不同的学时要求作出安排,既可作为综合性实验连续进行,也可分几次进行。第一次实验做 AKP 的提取,得到不同提取阶段的 A′液、B′液、C′液、D′液;第二次对提取的酶液进行 AKP 比活性测定;第三次进行 AKP 的 K_m 测定。

(5) 如不连续实验,所得的各阶段 AKP(A′、B′、C′、D′液)短期可置 4℃冰箱内储存,供测比活性用。

(6) 如采用兔肝提取的 AKP 来测定其 K_m 值时,一般稀释 5 倍,由于各实验室所用试剂等各种条件的差异,酶活性可能有不同,所以在实验前应作调节。按本实验条件,用最高的底物浓度管做实验,所测的吸光度应调节在 0.8 以下。如酶活性过大,在规定的反应时间内底物分解过快,所测得的数值将与反应初速度相差甚远,使其 K_m 值不准。如酶活性过低则会受到测定方法的灵敏度限制。

(六) 试剂与器材

1. 试剂

(1) 0.5mol/L 乙酸镁溶液:乙酸镁 107.25g 溶于蒸馏水中并稀释至 1000ml。

(2) 0.1mol/L 乙酸钠溶液:乙酸钠 8.2g 溶于蒸馏水中并稀释至 1000ml。

(3) 0.01mol/L 乙酸镁-乙酸钠溶液:0.5mol/L 乙酸镁溶液 20ml 及 0.1mol/L 乙酸钠溶液 100ml 混合后加蒸馏水稀释到 1000ml。

（4）0.01mol/L Tris-乙酸镁缓冲液（pH 8.8）：三羟甲基氨基甲烷 12.1g，用蒸馏水溶解并稀释至 1000ml，即为 0.1mol/L Tris 溶液。取 0.1mol/L Tris 溶液 100ml，加蒸馏水约 800ml，再加入 0.5mol/L 乙酸镁溶液 20ml，混匀后用 1% 乙酸调 pH 至 8.8，用蒸馏水稀释至 1000ml。

（5）丙酮（A. R. ）。

（6）95% 乙醇（A. R. ）溶液。

（7）正丁醇（A. R. ）。

（8）0.1mg/ml 蛋白标准液：牛血清白蛋白 10mg，pH 8.8Tris 液配制成 100ml。

（9）碱性铜试剂。

（10）酚试剂。

（11）0.04mol/L 底物液：$C_6H_5PO_4Na_2 \cdot H_2O$ 10.16g，用煮沸冷却的蒸馏水溶解，稀释至 1000ml。加氯仿 4ml 置棕色瓶中冰箱保存（不混浊可用一周）。

（12）0.01mg/ml 酚标准液：重蒸酚 1mg，用 pH 8.8 Tris 液配制成 100ml。

（13）0.5mol/L NaOH。

（14）0.3% 4-氨基安替比林：4-氨基安替比林 3g 及碳酸氢钠 42g，用蒸馏水溶解并稀释至 1000ml，置棕色瓶中冰箱保存。

（15）0.5% 铁氰化钾：铁氰化钾 5g 和硼酸 15g，各溶于 400ml 蒸馏水中，溶解后两液混合，再加蒸馏水至 1000ml，置棕色瓶中冰箱保存。

（16）0.1mol/L 碳酸盐缓冲液（pH 10.0）：无水碳酸钠 6.36g 及碳酸氢钠 3.36g，溶解于蒸馏水中，稀释至 1000ml。

（17）碱性磷酸酶液：纯品碱性磷酸酶 5mg，用 pH 10.0 碳酸盐缓冲液配制成 100ml，放置冰箱内保存。

2. 器材 ①剪刀、滤纸；②架盘天平；③玻棒、小漏斗；④刻度离心管；⑤离心机；⑥刻度吸管；⑦试管；⑧恒温水浴箱；⑨分光光度计；⑩笔、尺；⑪标准坐标纸；⑫兔肝。

思 考 题

1. 测定酶的比活性有何意义？
2. 酶的提取及纯化主要有哪些环节？

（王卉放　赵　燕）

实验 32　血清中鞘糖脂的分离与质谱分析

（一）目的要求

（1）了解血清中鞘糖脂的提取方法。
（2）了解质谱分析技术的原理。

（二）实验原理

选用什么样的溶剂提取血清中的目标成分，取决于溶剂的性质和被提取成分的化学结构及溶解性。溶剂可分为水、亲水性有机溶剂、亲脂性有机溶剂等。根据"相似相溶原理"，欲提取亲脂性成分应选用亲脂性溶剂,欲提取亲水性成分则选用水及亲水性溶剂。鞘糖脂作为生物膜脂双层的重要组成部分,其结构含有亲脂的脂肪链和亲水的糖链两大部分。提取时宜采用不同极性的混合溶剂。

质谱分析是先使试样中各组分在离子源中发生电离,生成不同荷质比的带正电荷的离子,经加速电场的作用,形成离子束,进入质量分析器。在质量分析器中,再利用电场好磁场的作用,按离子的质荷比(m/z)分离,然后测量各种离子谱峰的强度而实现分析目的的一种分析方法。以检测器检测到的离子信号强度为纵坐标,离子质荷比为横坐标所作的条状图就是我们常见的质谱图。

(三) 操作步骤

1. 鞘糖脂的提取

(1) 提取用溶剂的配制:溶剂 A,氯仿:甲醇 = 1:1;溶剂 B,异丙醇:正己烷:水 = 55:25:20。

(2) 超声波提取:分别取 200μl 病人及正常人对照血清于 13×100mm 的玻璃试管中,加入 1ml 溶剂 A,超声 30min,超声结束后以 1500r/min 的转速离心 5min,取上清置于备好的干净试管中,重复此步骤 2 遍;然后以相同的步骤采用溶剂 B 再提取 2 遍,合并四次所得上清。

(3) 鞘糖脂干燥:将提取出来的上清取 2~3ml/次于真空离心干燥器中干燥备用。

2. 鞘糖脂甲基化

(1) 样品溶解:向每个待甲基化的样品试管中加入 150μl DMSO,超声溶解。

(2) 甲基化反应:向每个已溶解的样品中加入适量的氢氧化钠固体粉末(盖住管底即可);接着向每个样品中加入 80μl 碘甲烷(在通风橱中操作);在水平摇床上快速摇晃,反应 1 小时。

(3) 终止反应:各样品中分别加入 1~2ml 的双蒸水,终止反应。

(4) 甲基化后糖脂的萃取纯化:待反应终止,氢氧化钠全部溶解于水中后,加入 1ml 氯仿进行鞘糖脂的萃取;将萃取的水相弃去,继续加入双蒸水萃取,持续 5~10 遍。

(5) 萃取结束后,将含有氯仿相的试管放入冷冻 5~10min,然后将氯仿层吸取转移到新的试管中,干燥备用。

3. 质谱分析(剩余的少许水相被冻结,氯仿相是液态)

(1) 甲醇溶解甲基化后的鞘糖脂,采用 0.45μm 的针头式滤器去除固体颗粒物。

(2) 打开质谱工作站,连接机器;保证机器处于待机状态:pump on 灯熄,load 灯亮,system 黄灯亮,scanning 灯熄。

(3) 泵针吸取足量甲醇,打开 pump on,补流泵开始工作。

(4) 甲醇清洗进样针,然后吸取 2μl 的甲醇溶解的样品,load 状态下注入进样环,然后进入 inject 状态进样。

(5) 扫描并记录数据。

(6) 数据采集结束后,点 On/Standby 停止扫描,反复清洗进样针及质谱管路。

(四) 结果与计算

(1) 将病人与正常人鞘糖脂的质谱扫描结果记录如图 11-7 所示:

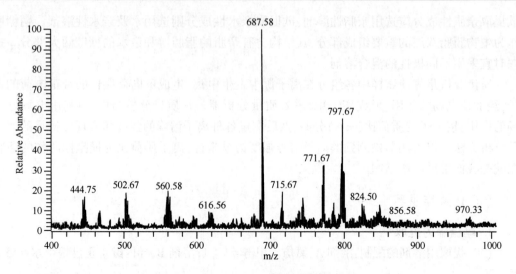

图 11-7　病人与正常人鞘糖脂的质谱扫描

（2）比较两者的主要差异。

（五）注意事项

（1）溶剂配制时比例要准确。

（2）离心时要配平。

（3）浓缩时一次性放入液体最好不超过试管容量的 1/3。

（4）甲基化反应时一定要快速摇晃试管，以保证充分甲基化。

（5）质谱进样前，样品要过滤。

（六）试剂与器材

1. 试剂与耗材

（1）溶剂 A，氯仿∶甲醇＝1∶1；溶剂 B，异丙醇∶正己烷∶水＝55∶25∶20。

（2）二甲基亚砜、氢氧化钠、氯仿、甲醇、双蒸水。

（3）滴管、玻璃试管、试管架、铝箔纸、封口膜、0.45μm 针头式滤器、进样针等。

2. 仪器　超声波清洗器、离心机、真空离心浓缩仪、摇床、质谱仪等。

思　考　题

1. 为什么采用两种溶剂进行提取？

2. 质谱由哪几部分组成？

3. 质谱的分析原理是什么？

（王艳萍）

附：RQ-PCR

（一）实验原理

实时定量 PCR（real-time quantitative polymerase chain reaction，RQ-PCR）技术是 20 世纪

90 年代中期发展起来的一种新型核酸定量技术。该技术具有实时监测、快速、灵敏、精确等特点,是对原有 PCR 技术的革新,扩大了 PCR 的应用范围。

RQ-PCR 技术是指在 PCR 反应体系中加入荧光基团,利用荧光信号积累实时监测整个 PCR 进程,最后通过标准曲线对未知模板进行定量分析的方法。它在常规 PCR 基础上添加了荧光染料或荧光探针。荧光染料能特异性掺入 DNA 双链,发出荧光信号,而不掺入双链中的染料分子不发出荧光信号,从而保证荧光信号的增加与 PCR 产物增加完全同步。荧光探针法是将荧光共振能量传递(fluorescence resonance energy transfer,FRET)技术应用于常规 PCR 中,在探针的 5′端标记一个荧光报告基团(R),3′端标记一个淬灭基团(Q),两者可构成能量传递结构,即 5′端荧光基团所发出的荧光可被淬灭基团吸收或抑制;当两者距离较远时,抑制作用消失,报告基团荧光信号增强,荧光监测系统可接收到荧光信号。

利用以上荧光产生原理,在 PCR 过程中可以连续不断地检测反应体系中荧光信号的变化。当信号增强到某一阈值(PCR 反应的前 15 个循环的荧光信号作为荧光本底信号,阈值的缺省设置为 3~15 个循环的荧光信号的标准偏差的 10 倍)时,C_t 值被记录下来。C 代表 cycle,t 代表 threshold,C_t 值的含义是:每个反应管内的荧光信号到达设定的阈值时所经历的循环数。每个模板的 C_t 值与该模板的起始拷贝数的对数存在线性关系,起始拷贝数越多,C_t 值越小。利用已知起始拷贝数的标准品可作出标准曲线,其中横坐标代表起始拷贝数的对数,纵坐标代表 C_t 值。这样,只要获得未知样品的 C_t 值,即可从标准曲线上计算出该样品的起始拷贝数。

(二)操作步骤

1. PCR 反应体系

RNAase-Freelater	50μl
RT-PCR buffer	50μl
(Sybr green PCR maste mix)	
引物 1	1μl
引物 2	1μl
cDNA	2μl

混匀、离心 10s 2000r/min 4℃,分 2 管加入 PCR 反应管。

2. 反应条件

50℃	2min
95℃	10min

45 cycles $\begin{cases} 95℃ & (15s) \\ 60℃ & (1min) \end{cases}$

(三)PQ-PCR 技术展望

准确、灵敏、快速和经济的 RQ-PCR 技术已发展成为一项完全自动化的核酸定量技术,大大降低了假阳性率,工作效率高,结果重现性好,且不必使用对人体有害的染色剂。RQ-PCR 应用较多的是医学方面,较成熟主要是在病原体检测方面。在植物学、动物学等领域的研究中,该技术应用还较少。随着 RQ-PCR 技术与生物芯片技术、肽核酸技术、微解剖技术等先进技术的整合,RQ-PCR 应用前景将越来越广阔。

(徐 岚 彭 森)

参 考 文 献

陈惠黎.1990.生物化学检验技术.北京:人民卫生出版社

顾晓松.2002.分子生物学理论与技术.北京:北京科学技术出版社

胡福泉.2000.现代基因操作技术.北京:人民军医出版社

黄如彬.1998.生物化学实验教程.第2版.北京:世界图书出版社

姜泊.1998.分子生物学常用实验方法.北京:人民军医出版社

李崇勇,郝顺祖.2001.生物化学实验.南京:东南大学出版社

李永明,赵玉琪.2000.实用分子生物学方法手册.第11版.北京:科学出版社

卢圣栋.1993.现代分子生物学实验技术.北京:高等教育出版社

钱小红,贺福初.2003.蛋白质组学:理论与方法.北京:科学出版社

任邦哲.1993.生物化学与临床医学.长沙:湖南科学技术出版社

王文霞.1995.临床生化检验技术.南京:南京大学出版社

吴士良,王武康,王尉平.2001.生物化学与分子生物学实验教程.苏州:苏州大学出版社

药立波.2002.分子生物学常用实验技术.北京:人民卫生出版社

药立波.2002.医学分子生物学技术.北京:人民卫生出版社

张龙翔.1981.生化实验方法和技术.北京:高等教育出版社

附　录　一

一、待测溶液的颜色和选用滤光片的对应关系

溶液的颜色	滤光片的颜色	滤光片通过的光波长（nm）
绿色带黄	青紫	400~435
黄	蓝	435~480
橘红	蓝色带绿	480~490
绿	绿色带蓝	490~500
紫	绿	500~560
青紫	绿色带黄	560~580
蓝	黄	580~595
蓝色带绿	橘红	595~610
绿色带蓝	红	610~750

有些溶液的颜色一时难以测定,可用各种颜色的滤光片测定它的光密度值,选择获得最大光密度值的滤光片。

二、化学试剂纯度分级表

标准和用途	一级试剂	二级试剂	三级试剂	四级试剂	生物试剂
我国标准	保证试剂 G. R.（绿色标签）	分析纯 A. R.（红色标签）	化学纯 C. P.（蓝色标签）	化学用 L. R.	B. R.或 C. R.
国外标准	A. R. G. R. A. C. S. p. A. х. ч. д	C. P. p. U. S. S. Puriss ч. д. А	L. R. E. p. ч	p. pure	
用途	纯度最高,杂质含量最少的试剂。适用于最精确的分析及研究工作	纯度较高,杂质含量较低。适用于精确的微量分析工作,为分析实验室广泛使用	质量略低于二级试剂,适用于一般的微量分析实验,包括要求不高的工业分析和快速分析	纯度较低,但高于工业用的试剂,适用于一般定性检验	根据说明使用

三、实验室常用酸碱的密度和浓度

名称	分子式	分子量	密度(g/mL)	百分浓度% (W/W)	摩尔浓度(mol/L) (粗略)
盐酸	HCl	36.47	1.19	37.2	12.0
			1.18	35.4	11.8
			1.10	20.0	6.0
硫酸	H_2SO_4	98.09	1.84	95.6	18
			1.18	24.8	3
硝酸	HNO_3	63.02	1.42	70.98	16.0
			1.40	65.3	14.5
			1.20	32.36	6.1
冰乙酸	CH_3COOH	50.05	1.05	99.5	17.4
乙酸	CH_3COOH		1.075	80.0	14.3
磷酸	H_3PO_4	98.06	1.71	85.0	15
氨水	NH_4OH	35.05	0.90		15
			0.904	27.0	14.3
			0.91	25.0	13.4
			0.96	10.0	5.6

四、不同温度时标准缓冲液的 pH

名 称	温 度(℃)					
	10	15	20	25	30	35
饱和酒石酸氢钾				3.56	3.55	3.55
0.05mmol/L 邻苯二甲酸氢钾	4.00	4.00	4.00	4.01	4.01	4.02
KH_2PO_4-Na_2HPO_4(0.025mol/L)	6.92	6.90	6.88	6.86	6.85	6.84
0.01mol/L 硼砂($Na_2B_4O_7 \cdot 10H_2O$)	9.33	9.27	9.22	9.18	9.14	9.10

五、缓冲溶液的配制

1. 甘氨酸-盐酸缓冲液(0.05mol/L)　　x ml 0.2mol/L 甘氨酸+y ml 0.2mol/L,再加水稀释至 200ml

pH	x	y	pH	x	y
2.2	50	44.0	3.0	50	11.4
2.4	50	32.0	3.2	50	8.2
2.6	50	24.2	3.4	50	6.4
2.8	50	16.8	3.6	50	5.0

注:甘氨酸分子量=75.07;0.2mol/L 甘氨酸溶液含 15.01g/L

2. 邻苯二甲酸　　x ml 0.2mol/L 邻苯二甲酸氢钾+y ml 0.2mol/L,再加水稀释至 200ml

pH(20℃)	x	y	pH(20℃)	x	y
2.2	5	4.670	3.2	5	1.470
2.4	5	3.960	3.4	5	0.990
2.6	5	3.295	3.6	5	0.597
2.8	5	2.642	3.8	5	0.263
3.0	5	2.032			

注:邻苯二甲酸氢钾分子量=204.23;0.2mol/L 邻苯二甲酸氢钾溶液含 40.85g/L

3. 磷酸氢二钠-柠檬酸溶液

pH	0.2mol/L Na$_2$HPO$_4$ (ml)	0.1mol/L 柠檬酸 (ml)	pH	0.2mol/L Na$_2$HPO$_4$ (ml)	0.1mol/L 柠檬酸 (ml)
2.2	0.40	19.60	5.2	10.72	9.28
2.4	1.24	18.76	5.4	11.15	8.85
2.6	2.18	17.82	5.6	11.60	8.40
2.8	3.17	16.83	5.8	12.09	7.91
3.0	4.11	15.89	6.0	12.63	7.37
3.2	4.94	15.06	6.2	13.22	6.78
3.4	5.70	14.30	6.4	13.85	6.15
3.6	6.44	13.56	6.6	14.55	5.45
3.8	7.10	12.90	6.8	15.45	4.55
4.0	7.71	12.22	7.0	16.47	3.35
4.2	8.28	11.72	7.2	17.39	2.61
4.4	8.82	11.18	7.4	18.17	1.83
4.6	9.35	10.65	7.6	18.73	1.27
4.8	9.86	10.14	7.8	19.15	0.85
5.0	10.30	9.70	8.0	19.45	0.55

注:Na$_2$HOP$_4$ 分子量=141.98;0.2mol/L 溶液含 28.40g/L

Na$_2$HOP$_4$·2H$_2$O 分子量=178.05;0.2mol/L 溶液含 35.61g/L

C$_6$H$_8$O$_7$·H$_2$O 分子量=210.14;0.1mol/L 溶液含 21.01g/L

4. 柠檬酸-氢氧化钠-盐酸缓冲液

pH	钠离子浓度(mol/L)	柠檬酸(g) C$_6$H$_8$O$_7$·H$_2$O	氢氧化钠(ml) 24.3mol/L NaOH	盐酸(ml) HCl(浓)	最终体积(L)*
2.2	0.20	210	84	160	10
3.1	0.20	210	83	116	10
3.3	0.20	210	83	106	10
4.3	0.20	210	83	45	10
5.3	0.35	245	144	68	10
5.8	0.45	285	186	105	10
6.5	0.38	266	156	126	10

*使用时可以每升中加入 1g 酚,若最后 pH 有变化,再用少量 12.5mol/L NaOH 或浓 HCl,冰箱保存

5. 柠檬酸-柠檬酸钠缓冲液(0.1mol/L)

pH	0.1mol/L 柠檬酸 (ml)	0.1mol/L 柠檬酸钠 (ml)	pH	0.1mol/L 柠檬酸 (ml)	0.1mol/L 柠檬酸钠 (ml)
3.0	18.6	1.4	5.0	8.2	11.8
3.2	17.2	2.8	5.2	7.3	12.7
3.4	16.0	4.0	5.4	6.4	13.6
3.6	14.9	5.1	5.6	5.5	14.5
3.8	14.0	6.0	5.8	4.7	15.3
4.0	13.1	6.9	6.0	3.8	16.2
4.2	12.3	7.7	6.2	2.8	17.2
4.4	11.4	8.6	6.4	2.0	18.0
4.6	10.3	9.7	6.6	1.4	18.6
4.8	9.2	10.8			

注:柠檬酸 $C_6H_8O_7 \cdot H_2O$ 分子量=210.14;0.1mol/L 溶液含 21.01g/L

Na$_2$HOP$_4$ · 2H$_2$O 分子量=178.05;0.2mol/L 溶液含 35.61g/L

6. 乙酸-乙酸钠缓冲液(0.2mol/L)

pH(18℃)	0.2mol/L NaAc (ml)	0.2mol/L HAc	pH(18℃)	0.2mol/L NaAc (ml)	0.2mol/L HAc
3.6	0.75	9.25	4.8	5.90	4.10
3.8	1.20	8.80	5.0	7.00	3.00
4.0	1.80	8.20	5.2	7.90	2.10
4.2	2.65	7.35	5.4	8.60	1.40
4.4	3.70	6.30	5.6	9.10	0.90
4.6	4.90	5.10	5.8	9.40	0.60

注:NaAc · 3H$_2$O 分子量=136.09;0.2mol/L 溶液含 27.22g/L

7. 磷酸盐缓冲液

(1)磷酸氢二钠-磷酸二氢钠缓冲液(0.2mol/L)

pH	0.2mol/L Na$_2$HPO$_4$ (ml)	0.2mol/L NaH$_2$PO$_4$	pH	0.2mol/L Na$_2$HPO$_4$ (ml)	0.2mol/L NaH$_2$PO$_4$
5.8	8.0	92.0	6.4	26.5	73.5
5.9	10.0	90.0	6.5	31.5	68.5
6.0	12.3	87.7	6.6	37.5	62.5
6.1	15.0	85.0	6.7	43.5	56.5
6.2	18.5	81.5	6.8	49.0	51.0
6.3	22.5	77.5	6.9	55.0	45.0

续表

pH	0.2mol/L Na$_2$HPO$_4$ (ml)	0.2mol/L NaH$_2$PO$_4$	pH	0.2mol/L Na$_2$HPO$_4$ (ml)	0.2mol/L NaH$_2$PO$_4$
7.0	61.0	39.0	7.6	87.0	13.0
7.1	67.0	33.0	7.7	89.5	10.5
7.2	72.0	28.0	7.8	91.5	8.5
7.3	77.0	23.0	7.9	93.0	7.0
7.4	81.0	19.0	8.0	94.7	5.3
7.5	84.0	16.0			

注:Na$_2$HPO$_4$·2H$_2$O 分子量=178.05;0.2mol/L 溶液含 35.61g/L

Na$_2$HPO$_4$·12H$_2$O 分子量=358.22;0.2mol/L 溶液含 71.64g/L

Na$_2$HPO$_4$·H$_2$O 分子量=138.01;0.2mol/L 溶液含 27.6g/L

Na$_2$HPO$_4$·2H$_2$O 分子量=156.03;0.2mol/L 溶液含 31.21g/L

(2)磷酸氢二钠-磷酸二氢钾缓冲液(0.067mol/L)

pH	Na$_2$HPO$_4$ (ml)	KH$_2$PO$_4$ (ml)	pH	Na$_2$HPO$_4$ (ml)	KH$_2$PO$_4$ (ml)
4.92	0.10	9.90	7.17	7.00	3.00
5.29	0.50	9.50	7.38	8.00	2.00
5.91	1.00	9.00	7.73	9.00	1.00
6.24	2.00	8.00	8.04	9.50	0.50
6.47	3.00	7.00	8.34	9.75	0.25
6.64	4.00	6.00	8.67	9.90	0.10
6.81	5.00	5.00	8.18	10.00	0
6.98	6.00	4.00			

注:Na$_2$HPO$_4$·2H$_2$O 分子量=178.05;0.067mol/L 溶液含 11.876g/L

KH$_2$PO$_4$=136.09;0.067mol/L 溶液含 9.078g/L

8. 磷酸二氢钾-氢氧化钠缓冲液(0.05mol/L)

x ml 0.2mol/L KH$_2$PO$_4$+y ml 0.2mol/L NaOH 加水稀释至 20ml

pH(20℃)	x(ml)	y(ml)	pH	0.4mol/L 巴比妥钠溶液 (ml)	0.2mol/L 盐酸 (ml)
5.8	5	0.372	7.0	5	2.963
6.0	5	0.570	7.2	5	3.500
6.2	5	0.860	7.4	5	3.950
6.4	5	1.260	7.6	5	4.280
6.6	5	1.780	7.8	5	4.520
6.8	5	2.365	8.0	5	4.680

9. 磷酸二氢钾-氢氧化钠缓冲液(0.05mol/L)

pH	0.4mol/L 巴比妥钠溶液 (ml)	0.2mol/L 盐酸 (ml)	pH	0.4mol/L 巴比妥钠溶液 (ml)	0.2mol/L 盐酸 (ml)
5.8	5	0.372	7.0	5	2.963
6.0	5	0.570	7.2	5	3.500
6.2	5	0.860	7.4	5	3.950
6.4	5	1.260	7.6	5	4.280
6.6	5	1.780	7.8	5	4.520
6.8	5	2.365	8.0	5	4.680

注:巴比妥钠盐分子量=206.18;0.04mol/L溶液含8.25g/L

10. Tris 盐酸缓冲液(20℃)

50ml 0.1mol/L 三羟甲基氨基甲烷(Tris)溶液与 x ml 0.1mol/L 盐酸混匀后,加水稀释至100ml。

pH	x (ml)	pH	x (ml)	pH	x (ml)	pH	x (ml)
7.10	45.7	7.60	38.5	8.10	26.2	8.60	12.4
7.20	44.7	7.70	36.6	8.20	22.9	8.70	10.3
7.30	43.4	7.80	34.5	8.30	19.9	8.80	8.5
7.40	42.0	7.90	32.0	8.40	17.2	8.90	7.0
7.50	40.3	8.00	29.2	8.50	14.7		

注:三羟甲基氨基甲烷(Tris)结构式如下,分子量=121.14

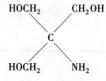

0.1mol/L 盐酸溶液为 12.114。Tris 溶液可从空气中吸收二氧化碳,使用时注意将瓶盖严

11. 磷酸盐缓冲液

pH	0.05mol/L 硼砂 (ml)	0.2mol/L 硼砂 (ml)	pH	0.05mol/L 硼砂 (ml)	0.2mol/L 硼砂 (ml)
7.4	1.0	9.0	8.2	3.5	6.5
7.6	1.5	8.5	8.4	4.5	5.5
7.8	2.0	8.0	8.6	6.0	4.0
8.0	3.0	7.0	9.0	8.0	2.0

注:硼砂 $Na_2B_4O_7 \cdot 10H_2O$ 分子量=381.43;0.05mol/L溶液含10.07g/L

硼砂 H_3BO_3 分子量=61.84;0.2mol/L溶液含12.37g/L

硼砂易失去结晶水,必须在带塞的瓶中保存

12. 甘氨酸-氢氧化钠缓冲液（0.05mol/L） x ml 0.2mol/L KH$_2$PO$_4$+y ml 0.2mol/L NaOH 加水稀释至 20ml

pH	x(ml)	y(ml)	pH	x(ml)	y(ml)
8.6	50	4.0	9.6	50	22.4
8.8	50	6.0	9.8	50	27.2
9.0	50	8.8	10.0	50	32.0
9.2	50	12.0	10.4	50	38.6
9.4	50	16.8	10.6	50	45.5

注：甘氨酸分子量=75.07；0.2mol/L 溶液含 15.01g/L

13. 硼砂-氢氧化钠缓冲液（0.05mol/L 硼酸根） x ml 0.05mol/L 硼砂+y ml 0.2mol/L NaOH 加水稀释至 20ml

pH	x(ml)	y(ml)	pH	x(ml)	y(ml)
9.3	50	6.0	9.8	50	34.0
9.4	50	11.0	10.0	50	43.0
9.6	50	23.0	10.1	50	46.0

注：硼砂 Na$_2$B$_4$O$_7$·10H$_2$O 分子量=381.43；0.05mol/L 溶液含 19.07g/L

14. 碳酸钠-碳酸氢钠缓冲液（0.1mol/L） Ca^{2+}、Mg^{2+}存在时不得使用

pH 20℃	pH 37℃	0.1mol/L Na$_2$CO$_3$(ml)	0.1mol/L Na$_2$HCO$_3$(ml)
9.16	8.77	1	9
9.40	9.12	2	8
9.51	9.04	3	7
9.78	9.50	4	6
9.90	9.72	5	5
10.14	9.90	6	4
10.28	10.08	7	3
10.53	10.28	8	2
10.83	10.57	9	1

注：Na$_2$CO$_3$·10H$_2$O 分子量=286.2；0.1mol/L 溶液含 28.62g/L
Na$_2$HCO$_3$ 分子量=84.0；0.1mol/L 溶液含 8.40g/L

六、硫酸铵饱和度常用表

1. 调整硫酸铵溶液饱和度计算表（25℃）

硫酸铵初浓度,%饱和度	硫酸铵终浓度,%饱和度																
	10	20	25	30	33	35	40	45	50	55	60	65	70	75	80	90	100
	每1L溶液加固体硫酸铵的克数*																
0	56	114	144	176	196	209	243	277	313	351	390	430	472	516	561	662	767
10		57	86	118	137	150	183	216	251	288	326	365	406	449	494	592	694
20			29	59	78	91	123	155	189	225	262	300	340	382	424	520	619
25				30	49	61	93	125	158	193	230	267	307	348	390	485	583
30					19	30	62	94	127	162	198	235	273	314	256	449	546
33						12	43	74	107	142	177	214	252	292	333	426	522
35							31	63	94	129	164	200	238	278	319	411	506
40								31	63	97	132	168	205	245	285	375	459
45									32	65	99	134	171	210	250	239	431
50										33	66	101	137	176	214	302	392
55											33	67	103	141	179	264	353
60												34	69	105	143	227	314
65													34	70	107	190	275
70														35	72	153	237
75															36	115	198
80																77	157
90																	79

* 在25℃时,硫酸铵溶液由初浓度调到终浓度时,每升溶液所加固体硫酸铵的克数

2. 调整硫酸铵溶液饱和度计算表(0℃)

硫酸铵初浓度,%饱和度	在0℃硫酸铵终浓度,%饱和度																
	20	25	30	35	40	45	50	55	60	65	70	75	80	85	90	95	100
	每100ml溶液加固体硫酸铵的克数*																
0	10.6	13.4	16.4	19.4	22.6	25.8	29.1	32.6	36.1	39.8	43.6	47.6	51.6	55.9	60.3	65.0	69.7
5	7.9	10.8	13.7	16.6	19.7	22.9	26.2	29.6	33.1	36.8	40.5	44.4	48.4	52.6	57.0	61.5	66.2
10	5.3	8.1	10.9	13.9	19.6	20.0	23.3	26.6	30.1	33.7	37.4	41.2	45.2	49.3	53.6	58.1	62.7
15	2.6	5.4	8.2	11.1	14.1	17.2	20.4	23.7	27.1	30.6	34.3	38.1	42.0	46.0	50.3	54.7	59.2
20	0	2.7	5.5	8.3	11.3	14.3	17.5	20.7	24.1	27.6	31.2	34.9	38.7	42.7	46.9	51.2	55.7
25		0	2.7	5.6	8.4	11.5	14.6	17.9	21.1	24.5	28.0	31.7	35.5	39.5	43.6	47.8	52.2
30			0	2.8	5.6	8.6	11.7	14.8	18.1	21.4	24.9	28.5	32.3	36.2	40.2	44.5	48.8
35				0	2.8	5.7	8.7	11.8	15.1	18.4	21.8	25.4	29.1	32.9	36.9	41.0	45.3
40					0	2.9	5.8	8.9	12.0	15.3	18.7	22.2	25.8	29.6	33.5	37.6	41.8
45						0	2.9	5.9	9.0	12.3	15.6	19.0	22.6	26.3	30.2	34.2	38.3
50							0	3.0	6.0	9.2	12.5	15.9	19.4	23.0	26.8	30.8	34.8
55								0	3.0	6.1	9.3	12.7	16.1	19.7	23.5	27.3	31.3
60									0	3.1	6.2	9.5	12.9	16.4	20.1	23.1	27.9
65										0	3.1	6.3	9.7	13.2	16.8	20.5	24.4
70											0	3.2	6.5	9.9	13.4	17.1	20.9
75												0	3.2	6.6	10.1	13.7	17.4
80													0	3.3	6.7	10.3	13.9
85														0	3.4	6.8	10.5
90															0	3.4	7.0
95																0	3.5
100																	0

* 在0℃时,硫酸铵溶液由初浓度调到终浓度时,每100ml溶液所加固体硫酸铵的克数

3. 调整硫酸铵溶液饱和度计算表(0℃)

	温度(℃)				
	0	10	20	25	30
每1000g水中含硫酸铵摩尔数	5.35	5.53	5.73	5.82	5.91
重量百分数	41.42	42.22	43.09	43.47	43.85
1000ml水用硫酸铵饱和所需克数	706.8	730.5	755.8	766.8	777.5
每升饱和溶液含硫酸铵克数	514.8	525.2	536.5	541.2	545.9
饱和溶液摩尔浓度	3.90	3.97	4.06	4.10	4.13

七、离心机转速与离心力的换算

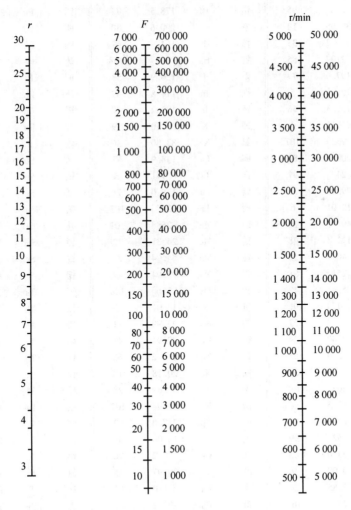

注:r 为离心机转头的半径(角头),或离心管中轴底部内壁到离心机转轴中心的距离(甩平头),单位为 cm

　　r/min 为离心机每分钟的转速

　　F 为离心力,以地心引力即重力加速度的倍数来表示,一般用 g(或 $\times g$)表示,g 等于 9.806m/s^2

本图由下述公式计算得来：

$$F = 1.118 \times 10^{-5} \times r \times (r/min)^2$$

将离心机转数换算为离心力时，首先在 r 标尺上取已知的半径和在 r/min 标尺上取已知的离心机转数，然后，将这两点间划一条直线，在图中间 F 标尺上的交叉点即为相应的离心力数值。注意，若已知的转数处于 r/min 标尺的右边，则应读取 F 标尺右边的数值。同样，转数值处于 r/min 标尺左边，则读取 F 标尺左边的数值。

八、元素原子量表

（录自 1997 年国际原子量表，并全部取 4 位有效数字）

元素	符号	原子量	原子序数	元素	符号	原子量	原子序数	元素	符号	原子量	原子序数
锕	Ac	[227]	89	锗	Ge	72.61	32	钋	Po	[209,210]	84
银	Ag	107.9	47	氢	H	1.008	1	镨	Pr	140.9	59
铝	Al	26.98	13	氦	He	4.003	2	铂	Pt	195.1	78
镅	Am	[243]	95	铪	Hf	178.5	72	钚	Pu	[239,244]	94
氩	Ar	39.95	18	汞	Hg	200.6	80	镭	Ra	[226]	88
砷	As	74.92	33	钬	Ho	164.9	67	铷	Rb	85.47	37
砹	At	[210]	85	𨭎	Hs	[265]	108	铼	Re	186.2	75
金	Au	197.0	79	碘	I	126.9	53	𬬻	Rf	[261]	104
硼	B	10.81	5	铟	In	114.8	49	铑	Rh	102.9	45
钡	Ba	137.3	56	铱	Ir	192.2	77	氡	Rn	[222]	86
铍	Be	9.012	4	钾	K	39.10	19	钌	Ru	101.1	44
𨨏	Bh	[262]	107	氪	Kr	83.80	36	硫	S	32.07	16
铋	Bi	209.0	83	镧	La	138.9	57	锑	Sb	121.8	51
锫	Bk	[247]	97	锂	Li	6.941	3	钪	Sc	44.96	21
溴	Br	79.90	35	镥	Lu	175.0	71	硒	Se	78.96	34
碳	C	12.01	6	铹	Lr	[260]	103	𬭳	Sg	[263]	106
钙	Ca	40.08	20	钔	Md	[258]	101	硅	Si	28.09	14
镉	Cd	112.4	48	镁	Mg	24.31	12	钐	Sm	150.4	62
铈	Ce	140.1	58	锰	Mn	54.94	25	锡	Sn	118.7	50
锎	Cf	[251]	98	钼	Mo	95.94	42	锶	Sr	87.62	38
氯	Cl	35.45	17	䥑	Mt	[266]	108	钽	Ta	180.9	73
锔	Cm	[247]	96	氮	N	14.01	7	铽	Tb	158.9	65
钴	Co	58.93	27	钠	Na	22.99	11	锝	Tc	[97,99]	43
铬	Cr	52.00	24	铌	Nb	92.91	41	碲	Te	127.6	52
铯	Cs	132.9	55	钕	Nd	144.2	60	钍	Th	232.0	90
铜	Cu	63.55	29	氖	Ne	20.18	10	钛	Ti	47.87	22
𬭶	Db	[262]	105	镍	Ni	58.69	28	铊	Tl	204.4	81
镝	Dy	162.5	66	锘	No	[259]	102	铥	Tm	168.9	69
铒	Er	167.3	68	镎	Np	237.0	93	铀	U	238.0	92
锿	Es	[252]	99	氧	O	16.00	8	钒	V	50.94	23
铕	Eu	152.0	63	锇	Os	190.2	76	钨	W	183.8	74
氟	F	19.00	9	磷	P	30.97	15	氙	Xe	131.3	54
铁	Fe	55.85	26	镤	Pa	231.0	91	钇	Y	88.91	39
镄	Fm	[257]	100	铅	Pb	207.2	82	镱	Yb	173.0	70
钫	Fr	[223]	87	钯	Pd	106.4	46	锌	Zn	63.39	30
镓	Ga	69.72	31	钷	Pm	[147]	61	锆	Zr	91.22	40
钆	Gd	157.3	64								

注：原子量加括号的为放射性元素半衰期最长的同位素的质量数

九、紫外吸收法测定蛋白质含量的校正因子

A_{280nm}/A_{260nm}	核酸 mol/L	校正因子	A_{280nm}/A_{260nm}	核酸 mol/L	校正因子
1.75	0.00	1.116	0.846	5.50	0.656
1.63	0.25	1.081	0.822	6.00	0.632
1.52	0.50	1.054	0.804	6.50	0.607
1.40	0.78	1.023	0.784	7.00	0.585
1.36	1.00	0.994	0.767	7.50	0.565
1.30	1.25	0.970	0.753	8.00	0.545
1.25	1.50	0.944	0.730	9.00	0.508
1.16	2.00	0.899	0.705	10.00	0.487
1.09	2.50	0.852	0.671	12.00	0.422
1.03	3.00	0.814	0.644	14.00	0.377
0.979	3.50	0.776	0.615	17.00	0.322
0.939	4.00	0.743	0.595	20.00	0.278
0.874	5.00	0.682			

注:一般纯蛋白质的吸光度(A)比值 A_{280}/A_{260} 约为 1.8,而纯核酸的比值大约为 0.5

十、单 位 换 算

国务院 1984 年 2 月 27 日发布了《关于在我国统一实行法定计量单位的命令》,规定在采用国际单位制(Systeme international d'Unités,代号 SI,简称国际制)的基础上,进一步统一我国的计量单位。并决定在 1990 年底以前完成向国家法定计量单位的过渡。下面摘录国际制数量词头以及在以往生化书刊中常见的几项惯用单位与现行法定单位间的换算关系。

1. 用于构成十进倍数和分数单位的词头表

用于构成十进倍数和分数单位的词头表

所表示的因数	词头符号	英文词头名称	中文词头名称
10^{18}	E	exa	艾(可萨)
10^{15}	P	peta	拍(它)
10^{12}	T	tera	太(拉)
10^{9}	G	giga	吉(咖)
10^{6}	M	mega	兆
10^{3}	k	kilo	千
10^{2}	h	hecto	百
10^{1}	da	deca	十
10^{-1}	d	deci	分
10^{-2}	c	centi	厘
10^{-3}	m	milli	毫
10^{-6}	μ	micro	微
10^{-9}	n	nano	纳(诺)
10^{-12}	p	pico	皮(可)
10^{-15}	f	femto	飞(母托)
10^{-18}	a	atto	阿(托)

注:1. ( )内的字,是在不致混淆的情况下,可以省略的字

2. 使用中,词头与单位名称直接相连,期间不加任何标点符号

2. 临床生化常用单位换算表 根据国家法定计量单位中规定表示物质的量的基本单位用摩尔(mole,代号摩或 mol)。体积按国家选定的非国际制单位用升(代号 L)。因此关于浓度,采用物质的量浓度单位,而不用质量浓度单位,凡分子量已知的物质统一用摩尔/升(mol/L),包括毫摩/升(mmol/L)、微摩/升(μmol/L)、纳摩/升(nmol/L)等,但分子量未知或不明确的物质仍可使用质量浓度单位,用克/升(g/L)、毫克/升(mg/L)、微克/升(μg/L)等。

下表列举临床生化常用物质浓度的惯用单位与法定单位间的换算关系。表中"惯×系数→法"项下的数字与惯用单位值相乘,即得法定单位值;"法×系数→惯"项下的数字与法定单位值相乘,即得惯用单位值。另外,尿中物质也常用 24 小时尿中含量表示。g/24h 与 mol/24h 等的换算关系亦一并列入。表中附记一些物质的分子量或原子量,以便读者核对换算系数及其他有关计算使用。

临床生化常用单位换算表

物 质	惯用单位	法定单位	换算系数	
			惯×系数→法	法×系数→惯
葡萄糖	mg/dL	mmol/L	0.055 51	18.016
180.157	g/24h	mmol/24h	5.551	0.180 2
总胆固醇				
386.660	mg/dL	mmol/L	0.02586	38.67
磷脂				
(按 P:30.9738 计)	mg/dL	mmol/L	0.3229	3.0973
三脂酰甘油				
885.445	mg/dL	mmol/L	0.01129	88.545
脂蛋白	mg/dL	(g/L)	0.01	100
尿胆素原				
592.7338	mg/24h	μmol/24h	1.687	0.5927
总胆红素				
584.671	mg/dL	μmol/L	17.104	0.05847
血红蛋白		mmol/L	0.155	6.4500
64500	g/dL	(g/L)	10	0.1
纤维蛋白原	mg/dL	μmol/L	0.02941	34.000
340000	mg/dL	(g/L)	0.01	100
总蛋白	g/dL	(g/L)	10	0.1
白蛋白	g/dL	(g/L)	10	0.1
69000	g/dL	mmol/L	144.928	0.006900
尿酸	mg/dL	μmol/L	59.484	0.016181
168.112	g/24h	mmol/24h	5.9484	0.1681
肌酸	mg/dL	μmol/L	76.258	0.01311
131.134	g/24h	mmol/24h	7.6258	0.1311
肌酸酐	mg/dL	μmol/L	88.402	0.01131
113.119	g/24h	mmol/24h	8.8402	0.1131

物　质	惯用单位	法定单位	换算系数	
			惯×系数→法	法×系数→惯
尿素	mg/dL	μmol/L	0.1665	6.006
60.0554	g/24h	mmol/24h	16.651	0.06006
尿素氮	mg/dL	μmol/L	0.7139	1.4007
N:14.0067	g/24h	mmol/24h	71.39	0.014007
氨	mg/dL	μmol/L	587.19	0.001703
17.0304	g/24h	mmol/24h	58.719	0.01703
	mEq/L	mmol/L	1	1
氯化物(Cl^-)	mg/dL	mmol/L	0.2821	3.545
35.453	g/24h	mmol/24h	28.206	0.03545
无机磷	mg/dL	mmol/L	0.3229	3.097
30.9738	g/24h	mmol/24h	0.03229	30.947
	mEq/L	mmol/L	1	1
钠(Na^+)	mg/dL	mmol/L	0.4350	2.299
22.9898	g/24h	mmol/24h	43.498	0.02299
	mEq/L	mmol/L	1	1
钾(K^+)	mg/dL	mmol/L	0.2558	3.910
39.098	g/24h	mmol/24h	25.577	0.03910
	mEq/L	mmol/L	0.5	2
钙(Ca^{2+})	mg/dL	mmol/L	0.2495	4.008
40.08	g/24h	mmol/24h	0.02495	40.08
	mEq/L	mmol/L	0.5	2
镁(Mg^{2+})	mg/dL	mmol/L	0.4114	2.431
24.305	g/24h	mmol/24h	0.04114	24.305
铜(Cu^{2+})	μg/dL	μmol/L	0.1574	6.355
63.546	μg/24h	μmol/24h	0.0157	0.6355
铁(Fe^{3+}) 55.847	μg/dL	μmol/L	0.1791	5.585
二氧化碳结合力	mEq/L	mmol/L	1	1
(CO_2CP)	Vol%	mmol/L	0.4492	2.226
碱过剩(B.E.)	mEq/L	mmol/L	1	1
实际碳酸氢盐 (A.B.)	mEq/L	mmol/L	1	1
缓冲碱(B.B.)	mEq/L	mmol/L	1	1
17-酮与生酮类固醇 (按脱氢表雄酮 288.429计)	mg/24h	μmol/24h	3.4467	0.2884
17-羟类固醇 (按氢化可的松 362.465计)	mg/124h	μmol/124h	2.759	0.3625P

3. 压力单位——帕 我国法定计量单位中表示压力的单位,是采用国际单位制中具有专门名称的导出单位——帕斯卡(Pascal),在不致混淆的情况下,可省略后二字,称为"帕",符号为"Pa"。1帕表示作用于1平方米上的力为1牛顿($1Pa = 1N \cdot m^{-2}$)。1毫米汞柱(mmHg)相当于133.322Pa。医学中多用千帕,符号为kPa。1个大气压(atm) = 760mmHg = 101.325kPa。

由mmHg换算成kPa的系数为0.133322;kPa→mmHg的系数为7.5006。厘米汞柱(cmH_2O)→kPa的系数为0.09807;kPa→cmH_2O的系数为10.197。

4. 能量单位——焦耳 焦耳(joule)是法定能量单位,统一表示能、功、热量等同类物理量。可省略后一字,只称"焦",符号为"J"。$1J = 1N \cdot m = 10^7 erg$。

"焦"与过去常用单位"卡"(calorie)的关系:1卡表示使1克水升温1℃所需热量,因起始温度不同而有差异:

4℃卡:$1cal_4 = 4.2045J, 1J = 0.2378cal_4$;

15℃卡:$1cal_{15} = 4.1855J, 1J = 0.2389cal_{15}$;

20℃卡:$1cal_{20} = 4.1812J, 1J = 0.2392cal_{20}$;

0℃~100℃平均卡:$1cal = 4.1897J, 1J = 0.2387cal$;

国际蒸汽卡:$1cal_{IT} = 4.1868J, 1J = 0.2388cal_{IT}$;

热化学卡:$1cal_{th} = 4.1840J, 1J = 0.2390cal_{th}$。

5. 氢离子浓度nmol/L与pH对照表 历来广泛采用pH来表示氢离子浓度,实际上它是氢离子浓度的负对数值,即$pH = -\lg[c(H^+)] = \lg\dfrac{1}{c(H^+)}, c(H^+) = 10^{-pH}$。pH不属于国际单位制,自从推广国际单位制后,对它如何改进,虽尚无明确建议,但有些医学文献已用物质的量浓度(nmol/L)代替pH来报道氢离子浓度。为了便于参考,列出一些pH与氢离子nmol/L的对照数值于下表。

pH 5.0~8.9 的 H⁺nmol/L 对照表

pH	H^+nmol/L	pH	H^+nmol/L	pH	H^+nmol/L	pH	H^+nmol/L
5.0	10000.0	6.0	1000.0	7.0	100.00	8.0	10.00
5.1	7942.0	6.1	794.2	7.1	79.42	8.1	7.94
5.2	6309.0	6.2	630.9	7.2	63.09	8.2	6.31
5.3	5012.0	6.3	501.2	7.3	50.12	8.3	5.01
5.4	3981.0	6.4	398.1	7.4	39.81	8.4	3.98
5.5	3163.0	6.5	316.3	7.5	31.63	8.5	3.16
5.6	2512.0	6.6	251.2	7.6	25.12	8.6	2.51
5.7	1995.0	6.7	199.5	7.7	19.95	8.7	1.99
5.8	1585.0	6.8	158.5	7.8	15.85	8.8	1.59
5.9	1259.0	6.9	125.9	7.9	12.59	8.9	1.26

(徐 岚)

附 录 二

1. 裂解缓冲液

1% SDS

1.0 mmol/L 正钒酸钠盐(sodium orthovanadate)

10 mmol/L Tris pH 7.4

2. 2×样品缓冲液

125 mmol/L Tris pH 6.8

4% SDS

10% 甘油

0.006% 溴酚蓝

2% β-疏基乙醇

3. 电转移缓冲液

25 mmol/L Tris

190 mmol/L 甘氨酸

20% 甲醇

4. 封闭缓冲液

5% 脱脂奶粉

10 mmol/L Tris pH7.5

100 mmol/L NaCl

0.1% Tween 20

5. 清洗缓冲液

10 mmol/L Tris-HCl pH7.25

100 mmol/L NaCl

0.1% Tween 20

50 mmol/L Tris-HCl pH6.8

6. DAB 溶液

50 mmol/L Tris-HCl pH7.6,	5ml
DAB(二氨基联苯胺)	2.5mg
30% H_2O_2	2.5μl。

7. 10×丽春红染色液(*W/V*)

2% 丽春红 S

30% 三氯乙酸

30% 磺基水杨酸

8. LB-氯霉素琼脂　加 3.4 ml 的 10 mg/ml 的氯霉素于高压灭菌后冷至 45℃ 的 1L 的 LB 琼脂中。到入培养皿(25ml/100mm 平板)。

9. LB 琼脂　在 10g NaCl,10g 胰蛋白胨,5g 酵母抽提物,20g 琼脂中加 H_2O 至 1L,用

5mol/L 的 NaOH 调 pH 至 7.0。高压灭菌后到入培养皿(25ml/100mm 平板)。

10. LB-四环素琼脂 加 1.5ml 的 10 mg/ml 的四环素于高压灭菌后冷至 45℃ 的 1L 的 LB 琼脂中。到入培养皿(25ml/100mm 平板),储于暗、凉的地方。

11. TE 缓冲液 10 mmol/L Tris-HCl(pH 7.5),1ml 的 EDTA。

12. LB 液体培养基 10g NaCl,10g 胰蛋白胨,5g 酵母抽提物中加 H_2O 至 1L,用 5mol/L 的 NaOH 调 pH 至 7.0. 高压灭菌。

13. X-gal 指示平板 加 1.5ml 的 10 mg/ml 的四环素,3.4 ml 的 10 mg/ml 的氯霉素,5.0 ml 的 10 mg/ml 的过滤灭菌的的卡那霉素,1 ml 的 80 mg/ml 的 X-gal,1 ml 的 200mmol/L β-半乳糖苷酶抑制剂(phenylethyl β-D-thio galactoside)于高压灭菌后冷至 45℃ 的 1L 的 LB 琼脂中。到入培养皿(25ml/100mm 平板)。

14. 5×TBE 溶液 Tris 27g,硼酸 13.8g,0.5mol/L EDTA(pH8.0),用少量蒸馏水溶解后定容至 500ml。

15. 50×Denhardt 溶液 1% Ficoll 400,1% polyvinylpyrrolidone(聚乙烯吡咯烷酮,PVP),1% BSA,过滤后置-20℃保存。

(彭 森)